Gert-Ludwig Ingold/Astrid Lambrecht

Die 101 wichtigsten Fragen
Moderne Physik

Verlag C. H. Beck

Mit 45 Abbildungen im Text

Originalausgabe

© Verlag C. H. Beck oHG, München 2008
Satz: ottomedien, Darmstadt
Druck und Bindung: Druckerei C. H. Beck, Nördlingen
Umschlagentwurf: malsyteufel, willich
Umschlagmotiv: Albert Einstein 1931 am Carnegie-Institut,
Mount-Wilson-Observatorium, Pasadena, USA
Foto: akg-images
Printed in Germany
ISBN 978 3 406 56803 9

www.beck.de

Inhalt

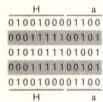

Quanteninformation

Anwendungen in der Festkörperphysik

Nanophysik

Spezielle Relativitätstheorie

Allgemeine Relativitätstheorie

Elementarteilchenphysik

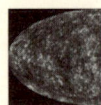

Kosmologie

Quantengravitation

Chaos

Vorwort

Als Albert Einstein im Frühjahr 1955 starb, nahm William Miller dies zum Anlass, in dem Magazin *Life* über einen Besuch zu berichten, den er dem großen Physiker ein paar Monate zuvor abgestattet hatte. Millers Sohn, der mit nach Princeton gefahren war, bekam von Einstein den Rat mit auf den Weg: «The important thing is not to stop questioning.» – Wichtig ist es, nicht mit dem Fragen aufzuhören.

Diesen Rat möchten wir auch dem Leser auf seinen Weg durch die 101 Fragen mitgeben, deren Antworten einen Einblick in die moderne Physik geben sollen. Erschöpfend kann dieser Einblick nicht sein, da aus Platzgründen eine, natürlich subjektive, Auswahl getroffen werden musste. Zu einigen der Fragen ist die Antwort noch nicht bekannt, und so haben auch die Physiker noch längst nicht aufgehört, Fragen zu stellen.

Dabei hatte man schon gegen Ende des 19. Jahrhunderts gedacht, die Physik sei im Wesentlichen zu einem Abschluss gekommen, und außer ein bisschen Detailarbeit sei eigentlich nichts mehr zu tun. Obwohl in den 300 Jahren seit Galileo Galilei Beeindruckendes geleistet worden war, täuschte man sich jedoch gewaltig. Im ersten Viertel des letzten Jahrhunderts fanden mehrere umwälzende Entwicklungen statt, die es rechtfertigen, ab diesem Zeitpunkt von der «modernen Physik» zu sprechen. Von ihr soll in diesem Band die Rede sein.

Die moderne Physik entführt uns in Welten jenseits unserer alltäglichen Erfahrung, in den Mikrokosmos, zu extremen Geschwindigkeiten und in die Weiten des Universums. Dass dort die eine oder andere Überraschung auf uns wartet, macht die Entdeckungsreise manchmal zu einer Herausforderung, dafür aber auch umso interessanter.

Zunächst werden wir uns der Quantenphysik zuwenden, die sich mit der Welt im Kleinen beschäftigt. Sie bricht mit grundlegenden Vorstellungen wie der, dass sich Objekte entlang von bestimmten Bahnen bewegen. Gleichzeitig bildet sie die Grundlage vieler technischer Anwendungen, die heute aus unserem täglichen Leben nicht mehr wegzudenken sind. Einige werden in den Abschnitten «Quantenphysik» und «Anwendungen in der Festkörperphysik» angesprochen. In die Zukunft weisen die Fragen der Abschnitte «Nanophysik» und «Quanteninformation». Gerade Letztere zeigt, wie eine recht exotische Eigenschaft von Quantensystemen, die Verschränkung, vielleicht einmal nutzbar gemacht werden kann.

Einsteins spezielle und allgemeine Relativitätstheorie bescheren uns eine neue Vorstellung von Raum und Zeit. Das Tempolimit der speziellen Relativitätstheorie zwingt uns, die beiden zu einer vierdimensionalen Raumzeit zu vereinigen. Die allgemeine Relativitätstheorie führt die Gravitation auf eine Krümmung dieser Raumzeit zurück und gibt uns Gelegenheit, so exotische Objekte wie die schwarzen Löcher näher zu betrachten.

Der Abschnitt «Elementarteilchenphysik» führt gleich zu mehreren Extremen: den kleinsten Längen und den größten Energien, die sich im Labor untersuchen lassen. Zudem ist dies eine Reise in die Vergangenheit hin zu den Anfängen unseres Universums. Dieses ist auch Gegenstand des Abschnitts mit Fragen zur «Kosmologie».

Auf immerhin die Hälfte der Fragen im Abschnitt «Quantengravitation» werden wir keine abschließende Antwort geben. Niemand kann derzeit wirklich sagen, wie Quantentheorie und allgemeine Relativitätstheorie zusammengeführt werden können und was in den allerersten Momenten unseres Universums geschah.

Aber nicht nur in exotischen Gefilden hat die Physik im 20. Jahrhundert Neuland betreten, und so kommen wir im letzten Abschnitt wieder im alltäglichen «Chaos» an, dessen Verständnis unter anderem durch die Entwicklung moderner Computer vorangekommen ist. Die alte, mechanistische Vorstellung, dass die Entwicklung der Welt im Grunde genommen vorausberechenbar ist, muss sich nun den Erkenntnissen der Chaostheorie stellen.

Zwischen den einzelnen Themenbereichen gibt es immer wieder Verknüpfungen. Damit Sie einen individuellen Weg durch die moderne Physik einschlagen können, haben wir im Text Wegweiser in Form von mit Fragennummern versehenen Pfeilen untergebracht. Wir wünschen Ihnen nun eine anregende Reise in die Welt der modernen Physik.

Paris und Augsburg, im September 2008   *Gert-Ludwig Ingold*
                                                  Astrid Lambrecht

Grundbausteine

1. Worin liegt die Schönheit der Physik? Vor allem in den vielen Symmetrien, die an den verschiedensten Stellen in der Physik auftreten. Allgemein werden symmetrische Objekte, zum Beispiel eine Schneeflocke mit ihrer sechszähligen Symmetrie, wie sie in Abbildung 1 schematisch dargestellt ist, als schön empfunden. Kristalle und Edelsteine verdanken ihre Schönheit mindestens zum Teil der Symmetrie ihrer Facetten. Auch ihr mikroskopischer Aufbau, also die Anordnung der Atome, gehorcht Symmetrieprinzipien. Abbildung 2 zeigt einen Blick in das Innere eines Kristalls.

Für die Schneeflocke in Abbildung 1 gibt es eine ganze Reihe von geometrischen Operationen, deren Resultat sich nicht von dem ursprünglichen Bild unterscheiden lässt. Dies ist zum Beispiel der Fall, wenn man die Schneeflocke einmal oder mehrmals um sechzig Grad um ihren Mittelpunkt dreht. Eine zweite Gruppe von Symmetrieoperationen besteht aus den Spiegelungen an den gestrichelten Linien. Dabei führt die Spiegelung an der senkrechten Linie den linken Teil der Schneeflocke genau in den ursprünglich rechten Teil über und umgekehrt. Schließlich kann man auch eine Punktspiegelung am Mittelpunkt der Flocke durchführen.

Doch nicht alle Symmetrieoperationen in der Physik finden im Ortsraum statt. Man kann zum Beispiel eine Spiegelung in der Zeit durchführen, wobei nicht links auf rechts abgebildet wird, sondern die Vergangenheit auf die Zukunft und umgekehrt. Damit wird allerdings nicht eine Reise in die Vergangenheit möglich. Physikalische

Abb. 1: Eine Schneeflocke besitzt eine ganze Reihe
diskreter Symmetrien.

Abb. 2: Blick in das Innere eines Kristalls

Gesetze, die sich bei einer Zeitumkehr nicht ändern, lassen neben möglichen physikalischen Vorgängen auch deren umgekehrten Ablauf zu. Filmt man einen solchen Vorgang, so kann man beim Ansehen des Films nicht entscheiden, ob er vorwärts oder rückwärts läuft.

Neben Spiegelungen in Raum und Zeit gibt es auch Spiegelungen in abstrakten Räumen. In der Elementarteilchenphysik spielt die sogenannte Ladungskonjugation eine wichtige Rolle, bei der die Ladung eines Teilchens in das Negative dieser Ladung überführt wird. Damit wird aus einem Teilchen sein Antiteilchen.

Alle bis jetzt genannten Symmetrieoperationen nennt man diskret. Damit ist nicht der Gegensatz zu indiskret gemeint, sondern dass diese Symmetrieoperationen gegeneinander abgegrenzt sind. Man kann nicht ein klein bisschen mehr oder weniger spiegeln. Bei den Drehungen ist das anders. Man kann die Schneeflocke um mehr oder weniger als sechzig Grad drehen. Allerdings entsteht dabei ein anderes Bild.

Es gibt aber auch Fälle, in denen Drehungen eine kontinuierliche Symmetrie darstellen. Stellen wir uns eine Eisläuferin vor, die eine Pirouette dreht und von einer Kamera gefilmt wird, die auf einem Kreis um die Eisläuferin herum bewegt werden kann. An dem filmischen Ergebnis kann man nicht entscheiden, wo auf dem Kreis die Kamera stand. Man kann den Standort der Kamera also um einen beliebigen Winkel um den Kreismittelpunkt drehen, auch um winzig kleine Winkel, ohne dass dies beim Ansehen des Films feststellbar wäre. Natürlich funktioniert dies nur bei einer idealisierten Eisfläche ohne Bande und Publikum.

Warum interessiert sich der Physiker nun so sehr für Symmetrien? Wenn es für einen physikalischen Vorgang gleichgültig ist, von welchem Ort oder aus welcher Richtung und zu welchem Zeitpunkt man ihn betrachtet, so muss die Form der mathematischen Gleichungen, die den Vorgang beschreiben, gewisse Anforderungen erfüllen, die benutzt werden können, um zu entscheiden, ob eine bestimmte Theorie richtig sein kann. Dies ist gerade bei der Entwicklung neuer Theorien wichtig.

Ebenso wichtig ist die Tatsache, dass zu kontinuierlichen Symmetrien Erhaltungssätze gehören, wie die Mathematikerin Emmy Noether 1918 gezeigt hat. Dabei wird die Erhaltung der Energie, des Impulses und des Drehimpulses mit dem Verhalten unter kleinen zeitlichen und räumlichen Verschiebungen bzw. kleinen Drehungen verknüpft. Der Zusammenhang gilt auch in abstrakteren Räumen und ist dort besonders interessant, weil er in Bereichen wie der Elementarteilchenphysik, in denen unsere Alltagsanschauung versagt, die Verknüpfung von mathematischen Strukturen mit experimentell untersuchbaren Aussagen erlaubt. Symmetrien spielten und spielen daher unter anderem eine zentrale Rolle bei der Entwicklung der Theorie der Elementarteilchen.

2. Warum fällt eine Katze immer auf ihre Pfoten? Katzen können bekanntlich von Bäumen herunterfallen, ohne sich ein Haar zu krümmen. Selbst wenn eine Katze mit dem Rücken voraus fällt, schafft sie es, sich in der Luft herumzudrehen und auf ihren vier Pfoten zu landen und nicht auf dem Rücken, welches fatale Folgen hätte. Wir Menschen stellen uns meistens nicht so geschickt an. Aber wie macht die Katze das eigentlich? Sie kann sich ja schließlich nicht an der Luft festhalten, um sich herumzudrehen. Klar ist auch, dass eine Plüschkatze, die man an den Pfoten hält und dann auf den Boden fallen lässt, auf den Rücken fällt und keineswegs auf ihre Pfoten. Offenbar hat es also damit zu tun, dass eine lebende Katze ein beweglicher und kein starrer Körper ist.

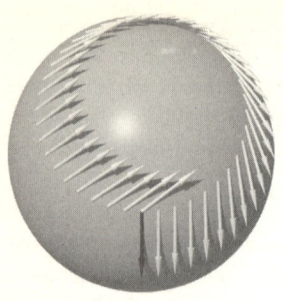

Abb. 3: Ein Pfeil, der auf einer Kugel parallel verschoben wird, kann am Ende in eine andere Richtung zeigen als zu Beginn.

Tatsächlich verändert die Katze ihren Körper während des Fluges auf beeindruckende Weise. Durch geschickte Ruder- und Drehbewegungen, bei denen ihre Wirbelsäule extrem verbogen wird, erreicht sie eine Horizontallage. Das erklärt auch, warum wir Menschen nicht ohne Weiteres einen solchen Sprung ausführen können. Untersucht hat dieses Phänomen unter anderem die NASA, die herausbekommen wollte, wie sich Astronauten in der Schwerelosigkeit herumdrehen können.

Auch wenn es sich hier um ein recht altes Problem handelt, hat die moderne Physik hierfür neue Betrachtungsweisen entwickelt. Um die Bewegung der Katze zu beschreiben, kann man Gesetzmäßigkeiten ausnutzen. Zum Beispiel ist es bemerkenswert, dass die Katze bei Absprung und Landung ungefähr die gleiche Körperhaltung hat, nur um 180 Grad verdreht. Macht man in beiden Situationen Fotos und mischt sie, kann man nicht mehr sagen, welches Foto den Absprung und welches die Landung zeigt. Eine solche Gesamtverdrehung, die keine weitere Veränderung verursacht und nur durch die Bewegung im Raum zustande kommt, nennt man Phase und unter bestimmten Bedingungen auch geometrische Phase.

Diese kann man sich mit Hilfe eines Pfeils veranschaulichen, den man auf einer Kugeloberfläche parallel verschiebt, so wie es in Abbildung 3 dargestellt ist. Hierbei wird die Phase durch die Richtung des Pfeils symbolisiert. Nach einem Umlauf um die Kugel kommt der Pfeil wieder an seine Ausgangsposition zurück, aber er hat sich beim Umlauf gedreht. Der Unterschied zwischen den beiden Pfeilausrichtungen ist eine geometrische Phase und entspricht dem Unterschied zwischen der Katze und der Plüschkatze bei ihrer Landung.

Geometrische Phasen kann man in der Quantenphysik direkt messen. Hierbei lässt man zwei Teilchen, zum Beispiel Elektronen oder Atome, unterschiedliche Wege durchlaufen, bei denen nur eines der Teilchen eine geometrische Phase erhält. Im Katzenbeispiel würde also ein Teilchen der lebenden Katze, das andere der Plüschkatze entsprechen. Bei der «Landung» lässt man beide Teilchen miteinander interferieren, das heißt, man überlagert sie. Bei diesem direkten Vergleich kann der Phasenunterschied sichtbar gemacht werden, zum Beispiel in Form von Interferenzmustern, wie sie auch bei Wasserwellen auftreten, wenn man zwei Steine an benachbarten Stellen ins Wasser wirft ↑[16].

3. Was ist eigentlich megagroß? Wenn man sich für physikalische Phänomene jenseits unserer Alltagswelt interessiert, also in den Mikrokosmos oder aber in die Weiten des Weltalls vorstoßen möchte, so hat man es schnell mit Größen zu tun, die vom unvorstellbar Kleinen bis zum ebenso unvorstellbar Großen reichen. Der Physiker muss jedoch auch unvorstellbare Größen in Zahlen fassen und benutzt dazu gerne Zehnerpotenzen.

Wir wollen dies am Beispiel von Längen erläutern und betrachten dazu das Verhältnis von Meter, Kilometer und Zentimeter. Unter Verwendung von Zehnerpotenzen kann man sagen, dass ein Kilometer gleich 10^3 Meter ist. Der Exponent, also die 3, gibt an, wie viele Faktoren 10 man benötigt, um das Verhältnis Kilometer zu Meter zu erhalten. In unserem Beispiel ist ein Kilometer also zehn mal zehn mal zehn Meter oder tausend Meter. Oder anders gesagt: Der Exponent gibt die Zahl der Nullen an, die der Faktor enthält. Ein Kilometer ist also gleich 1000 Meter. Ein Zentimeter ist gleich 10^{-2} Meter, wobei das Minus jetzt andeutet, dass durch Zehnerfaktoren zu teilen ist. Ein Zentimeter ist demnach ein Zehntel von einem zehntel Meter, also ein hundertstel Meter. Während man im Alltag einfach geeignete Einheiten wie Zentimeter oder Kilometer verwendet, werden Zehnerpotenzen sehr praktisch, wenn die Längen sehr klein oder sehr groß sind. In der Physik gibt es immerhin Längen von der winzigen Plancklänge ↑[93], etwa 10^{-35} Meter, bis hin zum Durchmesser des beobachtbaren Universums von gigantischen 10^{27} Metern. In Abbildung 4 wird ein Überblick über typische Längenskalen gegeben. Auch wenn es auf den ersten Blick so scheint, als sei der Mount Everest nicht wesentlich größer als ein Mensch, so muss man sich nur

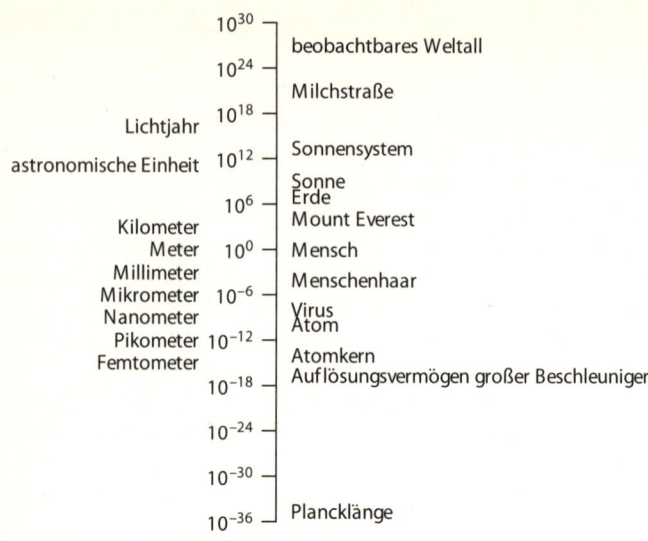

Abb. 4: Längenskalen im Universum

vergegenwärtigen, dass zwischen den Teilstrichen an der senkrechten Linie jeweils ein Faktor 10^6 liegt, also eine Million. Dieser Faktor entspricht genau der Vorsilbe Mega. Mega ist also eigentlich eine Million.

Zehnerpotenzen sind natürlich nicht nur im Zusammenhang mit Längen nützlich, sondern vielfach einsetzbar. Um noch eine weitere unvorstellbare Zahl zu nennen, die man ohne Zehnerpotenzen kaum ausdrücken kann: In unserem Universum gibt es etwa 10^{80} Baryonen↑[71].

4. Wie kalt kann es werden? Der Nullpunkt der bei uns üblichen Celsiusskala ist durch den Gefrierpunkt von Wasser bei Normaldruck bestimmt. Bekanntlich kann die Temperatur auch unter diesen Gefrierpunkt sinken, und in der Antarktis wurden bereits Temperaturen von –90 Grad Celsius gemessen. Kann man sich nun beliebig tiefe Temperaturen vorstellen oder gibt es einen absoluten Nullpunkt? Es stellt sich heraus, dass Letzteres der Fall ist. Im 20. Jahrhundert wurden immer ausgeklügeltere Methoden entwickelt, um den absoluten Nullpunkt zu erreichen. Dabei wurden interessante

Phänomene wie Supraleitung↑⁴¹ und Suprafluidität↑⁴³ oder die Bose-Einstein-Kondensation↑²⁹ gefunden, zu deren Erklärung die Quantentheorie benötigt wird. Während gemäß der klassischen Physik am absoluten Temperaturnullpunkt nämlich jede Bewegung zum Stillstand kommen sollte, können Quantenfluktuationen die Physik bei tiefen Temperaturen dominieren.

Der absolute Nullpunkt der Temperatur liegt bei –273,15 Grad Celsius. Diese Temperatur markiert den Startpunkt der Kelvinskala für die Temperatur, wobei ein Temperaturunterschied von einem Grad Celsius einem Kelvin entspricht. Demnach liegt der absolute Nullpunkt bei 0 Kelvin und der Nullpunkt der Celsiusskala bei 273,15 Kelvin. Negative Temperaturen gibt es auf der Kelvinskala nicht.

Geht man vom Nullpunkt der Celsiusskala zum absoluten Nullpunkt, so passiert man zwei Fixpunkte, die für Kühlungstechniken von Bedeutung sind. Dabei handelt es sich um die Siedepunkte von Stickstoff bei etwas über 77 Kelvin und von Helium bei 4,2 Kelvin. Inzwischen ist es gelungen, durch Abkühlen eines Atomgases↑²⁵ bis auf ein halbes Milliardstel Kelvin an den absoluten Nullpunkt heranzukommen. Auch wenn diese Grenze in der Zukunft noch weiter nach unten verschoben wird, bleibt der absolute Nullpunkt doch unerreichbar.

5. Warum werden wir immer schwerer? Und zwar unabhängig davon, was und wie viel wir essen! Schuld daran ist das Urkilogramm, das den Referenzwert für das Kilogramm, Maßeinheit der Masse, darstellt. Das Urkilogramm ist ein Zylinder aus einer Platin-Iridium-Legierung von etwa der Größe einer Espressotasse. Es wird seit 1889 in Sèvres bei Paris aufbewahrt. Trotz größter Vorsichtsmaßnahmen nutzt sich das Urkilogramm ab und wird im Laufe der Zeit leichter. Da es das Kilogramm definiert, nimmt unser Körpergewicht im Vergleich zum Kilogramm zu. Nehmen wir mal an, das Urkilogramm würde nur noch 500 Gramm wiegen. Dann würden alle Waagen umgeeicht und würden bei einem Gewicht von 500 Gramm nun ein Kilogramm anzeigen. Unser Gewicht betrüge beim morgendlichen Wiegen auf einmal das Doppelte. So stark und plötzlich finden Veränderungen des Urkilogramms natürlich nicht statt. Bisher sind Gewichtsänderungen von etwa 50 Mikrogramm, also 50 Millionstel Gramm, relativ zu seinen Kopien aufgetreten. Aus diesem Grund soll das Urkilogramm durch eine widerstandsfähigere und reproduzierbare Referenz ersetzt werden. An der Physikalisch-Technischen Bundesanstalt in Braunschweig wird derzeit an einer Siliziumkugel gearbeitet, die ein Kilogramm wiegen und den Platz des Urkilogramms einnehmen soll.

Eine andere Idee besteht darin, das Kilogramm über Naturkonstanten, genauer gesagt über das plancksche Wirkungsquant, zu bestimmen. Das könnte man mit einer sogenannten Watt-Waage erreichen. Hierbei werden elektrische und mechanische Leistung, deren Einheit das Watt ist, sehr genau gemessen und miteinander verglichen. Bei der Messung der elektrischen Leistung nutzt man zwei Effekte aus der Festkörperphysik aus. Dies ist zum einen der Quantenhalleffekt, mit dessen Hilfe heute die Widerstandseinheit definiert ist. Zum anderen wird der Josephsoneffekt verwendet, auf dem die Definition der elektrischen Spannung beruht. In beiden Effekten spielen das plancksche Wirkungsquant und die Elementarladung eine Rolle. Letztere fällt jedoch wieder heraus, wenn man eine elektrische Leistung betrachtet.

Die mechanische Leistung wiederum hängt von der Masse eines Testkörpers ab. Somit könnte diese Masse über den Wert des planckschen Wirkungsquants definiert werden. Da die Naturkonstanten, auf die wir in der nächsten Frage eingehen, im Prinzip unveränderlich sind, würde eine solche Referenz wesentlich genauer und über lange Zeit hinweg stabil sein.

Allgemein spielt in der Physik die Einheit einer Größe eine wichtige Rolle. Längen werden in Metern, Zeit in Sekunden und, wie wir eben gesehen haben, Massen in Kilogramm gemessen, um nur einige zu nennen. Diese und andere Einheiten sind im Internationalen Einheitensystem (SI-System für Système International) festgelegt. Dieses verbreitetste metrische System hat seinen Ursprung in der Französischen Revolution. Man wollte damit ein praktisches und universelles Maßsystem insbesondere für Wirtschaft und Handel einführen. Zweck des metrischen Systems war es, die zahlreichen, zum Teil sehr verschieden ausfallenden Maße durch universelle Maße zu ersetzen. Denken wir nur an alte Längenmaße wie die Elle oder den Fuß, die je nach Region sehr unterschiedlich lang sein konnten. Sie wurden durch eine Einheitslänge, das Meter, ersetzt. Ein Urmeter, das heißt ein Metallstab mit einer Länge von einem Meter, wurde hergestellt und im französischen Nationalarchiv aufbewahrt.

Heute haben wir für das Meter einen genaueren und universelleren Maßstab, der auf der Lichtgeschwindigkeit beruht. Diese beträgt etwa eine Milliarde Stundenkilometer. Da das Licht im Vakuum immer dieselbe Geschwindigkeit hat, kann man das Meter über die Lichtgeschwindigkeit definieren. Ein Meter ist die Strecke, die das Licht im 299792458stel einer Sekunde im Vakuum zurücklegt. Eigentlich hat sich das Problem aber jetzt nur verlagert, denn nun muss man die Sekunde definieren und genau messen können. Das aber ist mit modernen Techniken und Messmethoden wesentlich genauer und einfacher möglich als eine Längenmessung. Die genauesten Zeitmessungen werden heutzutage mit Atomuhren durchgeführt, die wir uns in Frage 27 genauer ansehen werden.

6. Was sind die Markenzeichen der modernen Physik? Neben den physikalischen Größen mit den dazugehörenden Einheiten kennen wir auch bestimmte Naturkonstanten, die man als Markenzeichen ansehen kann. Sie treten automatisch in der mathematischen Formulierung physikalischer Theorien als Konstanten auf.

So kommen die Gleichungen der speziellen Relativitätstheorie nicht ohne die gerade erwähnte Lichtgeschwindigkeit c aus. Da diese Größe zur Definition des Meters verwendet wird, steht ihr Wert exakt fest: 299 792 458 Meter pro Sekunde. Licht ist etwa 8 Millionen mal schneller als ein Auto auf der Autobahn.

Das plancksche Wirkungsquant h taucht wie selbstverständlich in wichtigen Gleichungen der Quantentheorie auf, und wir werden ihm noch öfter in den folgenden Fragen begegnen. Sein Zahlenwert ist in unseren alltäglichen Einheiten unvorstellbar klein, er beträgt nur etwa 10^{-34}. Diese winzige Zahl macht deutlich, warum wir Quantenvorgänge nur so selten in unserem täglichen Leben sehen. Der Wert des planckschen Wirkungsquants kann zum Beispiel aus dem Photoeffekt ermittelt werden, für dessen Erklärung Einstein den Nobelpreis bekam ↑[15].

Im täglichen Leben erfahren wir dauernd den Einfluss der Schwerkraft, ohne die wir einfach davonfliegen würden. Die mit ihr verbundene Naturkonstante ist die Gravitationskonstante G. Sie wurde von Newton zur Beschreibung der Massenanziehungskraft zwischen zwei Körpern eingeführt, die sich in einem bestimmten Abstand voneinander befinden. Die Gravitationskonstante hat aber auch ihren festen Platz in der allgemeinen Relativitätstheorie.

Kräfte treten nicht nur zwischen Massen, sondern zum Beispiel auch zwischen elektrischen Ladungen auf. Die Stärke dieser Wechselwirkung ist durch die Elementarladung e bestimmt. Ihr Auftreten weist immer darauf hin, dass elektromagnetische Effekte im Spiel sind.

Dieses sind nur wenige Beispiele für Naturkonstanten. Sie besitzen innerhalb der uns heute bekannten und akzeptierten Theorien feste Werte. Wegen ihrer fundamentalen Bedeutung versucht man, sie immer genauer zu messen. Eventuelle Veränderungen ihrer Werte, nicht nur kurzfristig, sondern auch über sehr lange Zeitskalen, würden nämlich darauf hinweisen, dass unsere Beschreibung der physikalischen Gesetze entsprechend geändert werden muss.

7. Wie lang ist eine Welle? Bei verschiedenen Gelegenheiten werden uns in diesem Buch Wellen begegnen. Zu ihrer Beschreibung benötigen wir Begriffe wie Amplitude, Wellenlänge und Frequenz, die wir hier erläutern wollen.

Abbildung 5 zeigt zwei Wellen mit der typischen Abfolge von Wellenbergen und Wellentälern. Dabei kann die Höhe einer Wasserwelle gemeint sein, aber ebenso die Auslenkung einer Klaviersaite aus ihrer Ruhelage oder die Feldstärke einer elektromagnetischen Welle, also zum Beispiel einer Radio- oder Lichtwelle. Um die Eigenschaften der Welle quantitativ zu erfassen, verwendet man die Amplitude, die die maximale Auslenkung aus der Ruhelage beschreibt. Die Wellenlänge beschreibt dagegen den Abstand zwischen zwei aufeinanderfolgenden am stärksten ausgelenkten Punkten. Die Radiowellen eines UKW-Senders haben eine Wellenlänge von etwa 3 Metern. Dagegen ist die Wellenlänge bei Licht sehr viel kleiner und beträgt nur etwa einen halben Millionstel Meter.

Die beiden in Abbildung 5 gezeigten Wellen besitzen zwar die gleiche Amplitude und die gleiche Wellenlänge. Dennoch gibt es offenbar einen Unterschied, denn die Wellenberge und -täler liegen nicht an denselben Stellen. Man sagt, die beiden Wellen seien gegeneinander phasenverschoben. Der Abstand zwischen Wellenbergen der einen und der anderen Welle ist die Phasendifferenz. Bei einer Phasendifferenz von einer halben Wellenlänge würden die Wellenberge der einen Welle gerade dort zu finden sein, wo die andere Welle ihre Wellentäler hat.

Wie wir von Wasserwellen wissen, kann sich eine Welle auch bewe-

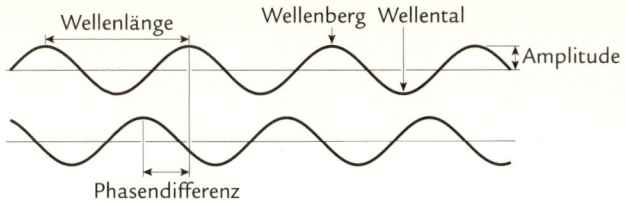

Abb. 5: Eigenschaften einer Welle

gen. Man könnte sich vorstellen, dass sich die untere Welle in der Abbildung durch eine Linksbewegung der oberen Welle ergeben hat. Betrachtet man eine laufende Welle an einer festen Stelle, so wird sie dort periodisch auf- und abschwingen. Die Zeit von einem Maximum bis zum nächsten heißt Periode, die Zahl der Schwingungen pro Zeit ist die Frequenz. Je schneller die Schwingung erfolgt, desto höher ist somit die Frequenz. Bei einer gegebenen Wellengeschwindigkeit führt eine kleine Wellenlänge zu einer großen Frequenz, da dann der zeitliche Wechsel von Wellenbergen und -tälern schneller erfolgt als bei einer großen Wellenlänge.

8. Warum sieht sich ein Blumenkohl ähnlich? Teilt man ein Blumenkohlröschen in Stücke, so erhält man wieder Blumenkohlröschen, die im Wesentlichen so aussehen wie die ursprünglichen Röschen. Der ungeteilte Blumenkohl von etwa 20 cm Durchmesser sieht also genauso aus wie die winzig feinen Röschen von 2 mm Durchmesser, die man im Kochwasser findet. Dies ist so, obwohl wir jetzt hundertmal so genau hinsehen. Der Blumenkohl ist also seinen Bestandteilen ähnlich. Er ist ein schönes und anschauliches Beispiel für ein Fraktal. Fraktale Strukturen werden wir in Frage 101 näher kennenlernen. Die Eigenschaft, dass ein System unabhängig davon, auf welcher Größenskala man es betrachtet, immer gleich aussieht, nennt man Skaleninvarianz.

Viele physikalische Systeme besitzen typische Skalen. Zum Beispiel ist im Bereich Rhein/Ruhr die charakteristische Frequenz des Radiosenders WDR 2 99,2 MHz. Das bedeutet, dass dieser Radiosender seine Informationen bei dieser Frequenz durch den Äther schickt. Ein anderes Beispiel ist das Atom, welches unter anderem durch seine typische Längenausdehnung, den sogenannten bohrschen Radius, charakterisiert ist. Auch ein schwingendes Pendel, welches durch seine Schwingungsperiode beschrieben werden kann, oder radioaktive Zerfälle, die bestimmte Zerfallszeiten haben, sind Systeme mit typischen Skalen. Ein Physiker, der ein unbekanntes System untersucht, wird daher zunächst einmal versuchen, charakteristische Skalen und Größen in diesem System zu identifizieren.

Im Gegensatz dazu ist Skaleninvarianz die Abwesenheit einer typischen Größenskala. Sie ist eine wichtige Symmetrie in der Physik, da sie es oft auf verhältnismäßig einfache Weise erlaubt, Einsichten in das Verhalten eines Systems zu gewinnen. Skaleninvarianz spielt in vielen Gebieten der Physik eine wichtige Rolle. Neben fraktalen Strukturen wie beim Blumenkohl besitzen auch makroskopische Systeme in der Nähe eines Phasenübergangs diese Eigenschaft. Ein Beispiel stellt der Übergang von unmagnetisiertem Eisen zum ferromagnetischen Zustand dar, den wir in Frage 44 noch genauer betrachten werden. Erstellt man bei diesem Phasenübergang ein Bild der Magnetisierung wie in Abbildung 24, so sieht dieses immer gleich aus, unabhängig davon, wie stark man es vergrößert. Skaleninvarianz ermöglicht uns hier Aussagen über den Phasenübergang, ohne dass wir Einzelheiten über die hierfür verantwortliche Wechselwirkung kennen müssen.

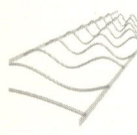

Quantenphysik

9. Warum wurde die Quantentheorie entwickelt?
Eine Theorie, die so dramatisch wie die Quantentheorie mit den Vorstellungen der klassischen Physik bricht, wird nicht ohne Grund entwickelt. Wir wollen daher einen kurzen Blick auf die drei Probleme werfen, die am Anfang der Quantentheorie standen und die in den folgenden Fragen genauer beleuchtet werden. Alle drei Probleme ergaben sich aus experimentellen Beobachtungen, die man mit den am Ende des 19. Jahrhunderts bekannten Theorien nicht verstehen konnte.

So war beispielsweise der Ursprung der nach Joseph von Fraunhofer benannten schwarzen Linien im Sonnenspektrum, die seit über 80 Jahren bekannt waren, sowie der Ursprung von Spektrallinien in von Atomen ausgesandtem Licht nicht verstanden↑[19]. Und noch schlimmer: Man verstand nicht einmal, warum Atome überhaupt stabil sind. Nach den Gesetzen der Elektrodynamik sollten die Elektronen bei ihrer Bewegung um den Atomkern Energie verlieren und nach kurzer Zeit in diesen stürzen. Unsere Existenz und die der Gegenstände um uns herum zeigt, dass dies nicht der Fall ist.

Gustav Kirchhoff, der auf der Grundlage der gerade erwähnten Spektrallinien die Spektralanalyse einführte, um Atome zu identifizieren, ist auch in das zweite Problem verwickelt. Er führte den schwarzen Körper ein, ein idealisiertes System, das nur aufgrund seiner Temperatur Licht abstrahlt↑[11]. Die Abhängigkeit der Intensität dieses Lichts von seiner Frequenz blieb unverstanden, bis Max Planck die richtige Idee hatte↑[12]. Daher kann der 14. Dezember 1900, an dem er seine Idee von der Quantelung der Energie vortrug, als Geburtstag der Quantentheorie angesehen werden.

Das dritte Problem bestand darin, dass sich die Energie von Elektronen, die aus einem Metall durch Bestrahlen mit ultraviolettem Licht herausgeschlagen werden, nicht mit der Vorstellung von Lichtwellen in Einklang bringen ließ↑[15]. Einsteins Lösung dieses Problems führte zu einer für die Entwicklung der Quantentheorie wesentlichen Einsicht, nämlich dass Licht sowohl Wellen- als auch Teilcheneigenschaften besitzt.

Wollte man heute eine Konkurrenztheorie zur Quantentheorie entwickeln, so müsste diese natürlich ebenfalls in der Lage sein, die drei genannten Probleme zu lösen. Allerdings sind inzwischen eine Vielzahl weiterer Quanteneffekte beobachtet worden, von denen einige im Folgenden diskutiert werden. Auch wenn sich manche Folgerungen der Quantentheorie nicht mit unserer Alltagserfahrung vereinbaren lassen, so ist sie dennoch die einzige bekannte Theorie, die im Einklang mit den experimentellen Beobachtungen in der Quantenwelt steht.

10. Wie groß ist ein Quantensprung? Schon der Begriff «Quantenphysik» weist darauf hin, dass die Quantisierung der Energie eine zentrale Rolle spielt. Eines der Rätsel, die die Entwicklung der Quantentheorie motivierten, bestand in der Beobachtung von Spektrallinien von Atomen↑[19], die darauf hindeuten, dass die in einem Atom gebundenen Elektronen nur ganz bestimmte Energiewerte annehmen können. Wie es zu einer solchen Quantisierung kommen kann, lässt sich durch Betrachtung der möglichen Schwingungen einer Saite verstehen, die, wie in Abbildung 6 gezeigt, an ihren beiden Enden fest eingespannt ist.

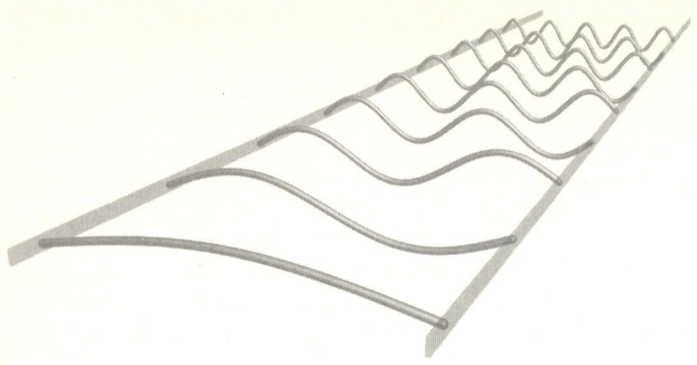

Abb. 6: Die Wellenlänge einer eingespannten Saite kann nur ganz bestimmte Werte annehmen.

Da sich die Saite an den Endpunkten nicht bewegen darf, muss dort ein Schwingungsknoten liegen. Dies hat zur Folge, dass die Wellenlänge der Schwingung auf einer eingespannten Saite nicht beliebig sein kann, sondern es muss immer ein ganzzahliges Vielfaches einer halben Wellenlänge zwischen die beiden Endpunkte passen. Bei der vordersten Schwingung ist dies eine halbe Wellenlänge, bei der nächsten Schwingung eine ganze Wellenlänge, dann drei halbe Wellenlängen und so weiter.

Die Frequenz, mit der die jeweilige Saite schwingt, nimmt von vorne nach hinten zu. So schwingt die zweite Saite bereits mit der doppelten Frequenz der ersten Saite. In der Quantenmechanik ist die Frequenz mit der Energie verknüpft. Wie die Wellenlänge und die Frequenz kann daher auch die Energie nur bestimmte Werte annehmen – sie ist quantisiert.

Das Bild der eingespannten Saite lässt sich unmittelbar auf die möglichen Zustände eines Lichtfelds in einem Resonator anwenden. Wir werden das bei verschiedenen Fragen ausnutzen. Grundsätzlich lässt sich die Idee der Quantisierung auch auf die Zustände von Elektronen in einem Atom anwenden. Im Detail gibt es jedoch Unterschiede.

Auch wenn Quantensysteme existieren, in denen es Zustände mit beliebiger Energie gibt, ist das hier beschriebene Szenario der Energiequantisierung typisch. Greifen wir das Beispiel eines Elektrons in einem Atom heraus, so muss sich dieses Elektron nicht unbedingt für alle Zeiten in ein und demselben Zustand befinden. Ein Wechsel des Zustands – ein Quantensprung – ist jedoch mit einer Änderung der Energie des Elektrons verknüpft. Ein solcher Übergang ist also nur möglich, wenn dem Elektron von außen Energie zugeführt wird oder dieses seine überschüssige Energie zum Beispiel in Form von Licht abgibt. Allerdings ist diese Energieänderung sehr klein, und es kann bezweifelt werden, dass es sich bei einem Quantensprung um ein so umwälzendes Ereignis handelt, wie es manch ein Politiker verstanden wissen will, der dieses Wort verwendet.

11. Kann man einen Backofen aufheizen? Im Jahr 1800 zerlegte Friedrich Wilhelm Herschel mit Hilfe eines Prismas das Sonnenlicht in die Spektralfarben vom hochfrequenten Blau über Grün und Gelb bis zum niederfrequenten Rot. Indem er ein Thermometer an verschiedenen Stellen inner- und außerhalb des Spektrums anbrachte, untersuchte er dann, welcher Anteil des Sonnenlichts zur stärksten Erwärmung führt. Es zeigte sich, dass dies an einem Ort jenseits des roten Endes des Spektrums der Fall war, wo keine sichtbare Strahlung mehr auf das Thermometer fiel. Herschel hatte die Infrarotstrahlung entdeckt.

Heizt man einen Backofen auf, so ist der Innenraum mit eben dieser Infrarotstrahlung gefüllt, die man nicht sehen, wohl aber fühlen kann. Auch ein allerdings sehr geringer Anteil sichtbaren Lichts ist vorhanden. Dieser wird deutlich wahrnehmbar, wenn man die Temperatur des Backofens so stark erhöht, dass die Wände rotglühend werden. Neben der Infrarotstrahlung trägt dann auch das sichtbare Licht zu einem erheblichen Teil zu der im Innenraum gespeicherten Energie bei. Erhöht man die Temperatur weiter, so wird der Anteil höherer sichtbarer Frequenzen bis hin zum blauen Licht immer stärker vertreten sein.

Gegen Ende des 19. Jahrhunderts stellte man sich nun die Frage, wie viel Energie im Innern eines Backofens bei einer bestimmten Temperatur vorhanden ist. Eine ganze Zeit lang schien es, als müsse diese Energie unendlich groß sein. Dies stünde in krassem Widerspruch zur Erfahrung, da man dann in Ermangelung unendlicher Energiemengen einen Backofen überhaupt nicht aufheizen könnte.

Wie kam man überhaupt darauf, dass unendlich viel Energie nötig sein sollte? Zunächst einmal müssen wir uns überlegen, ob die Frequenz oder Wellenlänge der Strahlung im Backofen beliebig sein kann. Die Situation ist ähnlich wie bei einer eingespannten Saite in Abbildung 6, auf der nur Schwingungen mit bestimmten Wellenlängen möglich sind, da die Saite am Rand nicht schwingen kann. Allerdings kann die Wellenlänge beliebig klein werden. Somit weist die Strahlung im Backofen eine unendliche Anzahl von Frequenzen auf. Die klassische Physik schreibt nun vor, dass jede der unendlich vielen Schwingungen die gleiche Energie enthält. Diese Energie nimmt entsprechend der Erfahrung, dass ein wärmerer Körper mehr Energie enthält als ein kälterer, mit steigender Temperatur zu. Wenn nun jede der unendlich vielen Schwingungen mit der gleichen Energiemenge versehen werden muss, ist die dafür erforderliche Energie offenbar ebenfalls unendlich groß.

Da aber die Erfahrung zeigt, dass man einen Backofen sehr wohl aufheizen kann, steht man vor einem Problem. Zu dessen genauerer experimenteller Untersuchung verwendete man statt eines Backofens einen sogenannten schwarzen Körper. Hierbei handelt es sich um einen Hohlraum, dessen Inneres und insbesondere die dort befindliche Strahlung durch ein winziges Loch beobachtet werden kann. Der Name rührt daher, dass die Innenwände einfallendes Licht vollkommen absorbieren, so dass die Strahlung im Hohlraum nur durch die Temperatur im Inneren und nicht etwa durch die Farbe der Wände bestimmt ist. Man spricht daher auch von der Schwarzkörperstrahlung.

Physiker wie Wilhelm Wien und Baron John Rayleigh zusammen mit Sir James Jeans hatten bereits Messungen dieser Schwarzkörperstrahlung durchgeführt und Gesetze über die Energieverteilung aufgestellt. Aber keines dieser beiden Gesetze beschrieb die Messungen für alle Frequenzen richtig. Während das wiensche Gesetz die Messergebnisse nur für große Frequenzen gut wiedergab, war das Rayleigh-Jeans-Gesetz nur für kleine Frequenzen erfüllt. Immerhin besagte das wiensche Strahlungsgesetz, dass die Strahlungsenergie bei großen Frequenzen sehr schnell abnimmt, so dass der schwarze Körper – und damit auch ein Backofen – immer nur endlich viel Energie enthält.

Die Schwarzkörperstrahlung stellte eines der großen Rätsel dar, die sich den Physikern im ausgehenden 19. Jahrhundert stellten. Wie es mit Hilfe der Quantentheorie gelöst wurde, werden wir in der nächsten Frage sehen.

12. Was tat Max Planck in seiner Verzweiflung?

Wie viele Physiker seiner Zeit beschäftigte Max Planck sich Ende des 19. Jahrhunderts mit der Schwarzkörperstrahlung und versuchte, ihre Temperatur- und Frequenzabhängigkeit richtig zu erfassen. Durch geschickte Rechnungen schaffte er es tatsächlich, eine einheitliche Strahlungsformel aufzustellen, später erstes plancksches Strahlungsgesetz genannt, die die Messergebnisse für den gesamten Wellenlängenbereich sehr gut beschrieb und die er im Oktober 1900 zum ersten Mal bei einer Tagung der Deutschen Physikalischen Gesellschaft vorstellte. Um die volle physikalische Bedeutung dieser Formel zu erfassen, musste Planck zu ihrer Herleitung zwei Annahmen machen, die folgenschwere Auswirkungen haben sollten.

Die erste der beiden Annahmen lautete, dass Strahlungsenergie nur in Paketen auftreten kann und nicht in kontinuierlicher Form. Je größer die Frequenz der Strahlung ist, desto größer sind die Energiepakete. Ein Paket einer niedrigen Frequenz kostet also weniger Energie als ein Paket einer hohen Frequenz. Da die Energie durch die Temperatur geliefert wird, können bei einer bestimmten Temperatur sehr hohe Frequenzen gar nicht mehr beitragen. Damit erklärt sich, warum man tatsächlich einen Backofen mit einer endlichen Energiemenge aufheizen kann.

Für Planck war diese Energiediskretisierung nach seinen eigenen Worten zunächst eine rein formale Annahme. Aus heutiger Sicht allerdings ist dieser Schritt die erste Quantisierung der Energie in Energiepakete und steht im krassen Widerspruch zur klassischen Physik, welche beliebige Energiewerte erlaubt. Modern formuliert, zeigte Planck in seinem ersten Strahlungsgesetz, dass die Schwarzkörperstrahlung aus Lichtquanten besteht, die wir heute Photonen nennen.

Außerdem musste Planck zur Ableitung seines Gesetzes berechnen, auf wie viele verschiedene Arten die Energiepakete auf identische Resonatoren verteilt werden können. Die Lösung dieses Problems hängt wesentlich davon ab, ob die Energiepakete unterscheidbar sind oder nicht. Diese Frage wird besonders relevant, wenn man die Energiepakete als Teilchen, nämlich die eben genannten Photonen, auffasst. Wir wollen dies im Folgenden an einem einfachen Beispiel veranschaulichen.

Abbildung 7 zeigt zwei identische Schachteln, in die man höchstens zwei Bälle legen kann, und wir möchten wissen, wie viele ver-

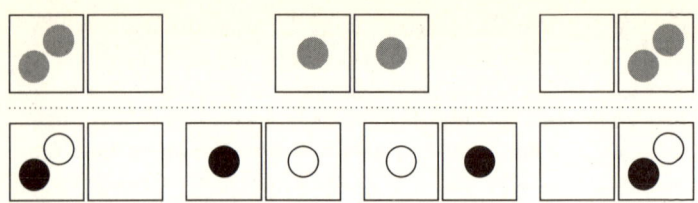

Abb. 7: Zwei ununterscheidbare Teilchen (oben) können auf drei verschiedene Weisen auf zwei Schachteln verteilt werden. Für unterscheidbare Teilchen (unten) gibt es dagegen vier Möglichkeiten.

schiedene Möglichkeiten es hierfür gibt. Für zwei identische, zum Beispiel graue Bälle gibt es die drei verschiedenen Varianten der oberen Reihe: Die linke Schachtel enthält beide Bälle und die rechte keinen, die rechte Schachtel enthält beide Bälle und die linke keinen, oder beide Schachteln enthalten je einen Ball.

Anders ist die Lage, wenn es sich um verschiedene Bälle, zum Beispiel einen weißen und einen schwarzen Ball, handelt. Hier gibt es zusätzlich noch die Möglichkeit, entweder den schwarzen Ball nach links und den weißen nach rechts zu legen oder umgekehrt. Insgesamt führt dies zu vier verschiedenen Möglichkeiten, die beiden Bälle auf die zwei Schachteln zu verteilen.

Nur mit der ersten Zählweise gelang Planck die richtige Herleitung seines Strahlungsgesetzes. Aus heutiger Sicht verwendete er dabei den Umstand, dass sich Photonen wie Bosonen verhalten, die wir uns in Frage 28 genauer ansehen werden. Seine Zählmethode stand im deutlichen Gegensatz zur klassischen Statistik, die von der Unterscheidbarkeit der Teilchen ausgeht. Die Herleitung seiner Strahlungsformel bezeichnete er daher selbst als «Akt der Verzweiflung», den er wohl nur aufgrund der hervorragenden Übereinstimmung seiner Formel mit den experimentellen Beobachtungen begangen hat.

13. Wie leer ist das Vakuum? Historisch gesehen ist dies eine heiß umstrittene Frage. Mitte des 17. Jahrhunderts zeigten erste Experimente von Evangelista Torricelli, Blaise Pascal und Otto von Guericke, dass man einen Behälter von fast aller Materie befreien kann, so dass in diesem nur noch ein sehr geringer Druck herrscht. Torricelli gelang es als Erstem, Vakuum in Glasröhren über längere Zeit aufrechtzuerhalten, und er erklärte sogar die Funktionsweise eines Barometers richtig. Damals war die weitverbreitete Meinung, dass das Quecksilber in einem Barometer durch das Vakuum oberhalb der Quecksilbersäule angesaugt würde, da die Natur «Abscheu vor dem Nichts» (aus dem Lateinischen: horror vacui) habe, und es deswegen ein Vakuum nicht geben könne. Torricelli dagegen erklärte, dass es ganz im Gegenteil der äußere Luftdruck auf die Quecksilbersäule sei, die jene im Barometer hochdrückt. Von René Descartes handelte er sich hierfür die Bemerkung ein, dass es allenfalls in Torricellis Kopf ein Vakuum gäbe. Dass dies trotzdem die richtige Erklärung war, wurde kurz darauf im Jahr 1647 von Blaise Pascal experimentell nachgewiesen.

Erst später, mit der Entdeckung der Schwarzkörperstrahlung, wurde klar, dass selbst ein Behälter, den man vollkommen leer gepumpt hatte, noch Schwarzkörperstrahlung enthält, die von der Temperatur abhängt und nur am absoluten Temperaturnullpunkt↑4 verschwindet. Aus diesen Erkenntnissen erwuchs nun Anfang des 20. Jahrhunderts eine neue Definition des Vakuums: Vakuum ist vollkommen leer und kann erzeugt werden, indem man aus einem Behälter jegliche Materie entfernt und ihn anschließend auf den absoluten Nullpunkt abkühlt.

Doch auch bei dieser Definition blieb es nicht lange. Im Jahr 1912 überarbeitete Planck sein erstes Strahlungsgesetz und leitete eine leicht veränderte Fassung ab, die als zweites plancksches Strahlungsgesetz bekannt wurde. Der entscheidende Unterschied besteht darin, dass es nun selbst am absoluten Temperaturnullpunkt Fluktuationen des elektromagnetischen Feldes gibt, die zu einer mittleren Energie im Vakuum führen. Nur diese neue Fassung erklärt erfolgreich die Ergebnisse aller bis dahin durchgeführten Experimente. Die besagten Feldfluktuationen nennt man Nullpunktsfluktuationen oder Vakuumfluktuationen. Für eine bestimmte Frequenz entsprechen sie einem Energiepaket von nur einem halben Lichtquant, während alle übrigen Strahlungszustände in Energiepaketen von ganzen Lichtquanten auftreten.

Der Ursprung dieser Vakuumfluktuationen wurde erst gut zehn Jahre später durch die Quantentheorie und insbesondere durch die heisenbergsche Unschärferelation erklärt, die damit auch die moderne Definition von Vakuum liefern. Vakuum ist wie vorher ein vollkommen materiefreier Raum am absoluten Temperaturnullpunkt. Aber Vakuum ist nicht vollkommen leer! Es enthält Vakuumfluktuationen, die niemals verschwinden und die ihre Ursache in der heisenbergschen Unschärferelation haben.

Man kann die Vakuumfluktuationen auch so auffassen, dass ständig aus dem Vakuum Teilchen-Antiteilchen-Paare entstehen, die gleich wieder verschwinden. Dies ist möglich, da die Energieerhaltung kurzzeitig verletzt werden darf. Da diese Teilchen nicht direkt beobachtbar sind, nennt man sie auch virtuelle Teilchen. Vakuumfluktuationen sind jedoch indirekt nachweisbar, wie wir in der nächsten Frage sehen werden.

14. Kann Vakuum eine Kraft ausüben? Diese in der klassischen Physik völlig absurde Frage untersuchte Mitte des letzten Jahrhunderts der holländische Physiker Hendrik Brugt Gerhardt Casimir, der bei den Philips-Forschungslaboratorien in Eindhoven an Glühlampen arbeitete.

Eigentlich haben Glühlampen nichts mit Vakuumfluktuationen zu tun, bis auf die Tatsache, dass die Eigenschaften von Gasen in Glühlampen von van-der-Waals-Kräften dominiert werden. Diese Kräfte treten zwischen neutralen Atomen und Molekülen auf und spielen in vielen biologischen und chemischen Prozessen eine wichtige Rolle. Casimir gelang mit seinem Studenten Dick Polder die erste vollständige quantenmechanische Beschreibung der van-der-Waals-Kräfte. Es war Niels Bohr, der den Gedanken aufbrachte, dass man diese Kräfte durch Vakuumfluktuationen erklären könnte, die sich zwischen den Atomen ausbreiten. Casimir ging dieser Idee nach und untersuchte die Situation zweier Spiegel, die sich parallel zueinander im Vakuum befinden. 1948 veröffentlichte er das Ergebnis seiner Studie: Zwischen zwei Spiegeln im Vakuum gibt es eine anziehende Kraft, die Casimir-Kraft, wie sie später genannt wurde.

Um die Entstehung der Casimir-Kraft zu veranschaulichen, stellen wir uns am besten die zwei Spiegel im Vakuum als einen Resonator vor. Dieser Resonator ist in Vakuumfluktuationen eingebettet, die sich in alle Raumrichtungen bewegen und an den beiden Spiegeln wie ein gewöhnlicher Lichtstrahl reflektiert werden. Zwischen den beiden Spiegeln gibt es resonante Wellenlängen, deren halbes Vielfaches genau dem Spiegelabstand entspricht, in ähnlicher Weise, wie es in Abbildung 6 für die Wellenlänge einer eingespannten Saite gezeigt ist. Die resonanten Wellenlängen werden im Vergleich zu nicht-

Deutsche Post AG
41564 Kaarst
82027570 16.04.15

9628
Postwertzeichen ohne Zuschlag
*1,45 EUR   A

9629
Markenset 20 x 0,02 EUR
*0,40 EUR   A,1

Bruttoumsatz   *1,85 EUR
umsatzsteuerbefreit nach §4 UStG A
Nettoumsatz A   *1,85 EUR

Im Namen und für Rechnung
  1 Deutsche Post AG

Steuernummer der Deutsche Post AG:
5205/5777/1510

Vielen Dank für Ihren Besuch.
Ihre Deutsche Post AG

DHL EXPRESS FILIALPRODUKTE

Schnell, sicher und **pünktlich**
stellen wir Ihre nationalen
und internationalen
Express-Sendungen zu.

Eilig + wichtig?
Express-Versand!

Mehr Informationen in Ihrer Filiale oder online unter
www.dhl.de/express/filialprodukte.

DHL SENDUNGSVERFOLGUNG

Ihre Pakete immer im Blick!

Geben Sie einfach auf **www.dhl.de**
die Sendungsnummer ein, die
auf dem Einlieferungsbeleg steht.

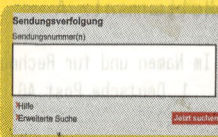

EINFACH. IMMER. ÜBERALL.

DHL EXPRESS FILIALPRODUKTE

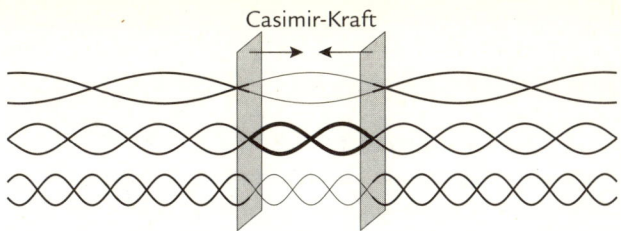

Abb. 8: Meistens gewinnt der äußere Druck auf die Resonatorspiegel.

resonanten Wellenlängen bevorzugt und sind daher im Resonator stärker vertreten als die nichtresonanten Wellenlängen, die abgeschwächt werden. Außerhalb des Resonators können sich dagegen Fluktuationen aller Wellenlängen beliebig und gleichermaßen ausbreiten. Dieser Sachverhalt ist schematisch in Abbildung 8 dargestellt.

Da sich das Vakuumfeld im Raum ausbreitet, kann es auch Druck auf eine Oberfläche ausüben, den man Strahlungsdruck nennt. Betrachten wir nun erneut den Resonator im Vakuum. Bei den Resonanzfrequenzen übt das Vakuumfeld zwischen den beiden Spiegeln einen größeren Strahlungsdruck aus als im freien Raum. Wenn das Vakuumfeld nur diese Frequenzen enthielte, würden sich die beiden Spiegel abstoßen. Bei nichtresonanten Frequenzen ist der Strahlungsdruck im Resonator dagegen kleiner als außerhalb, und die beiden Spiegel würden für diese Frequenzen zusammengedrückt. Schaut man sich nun die Gesamtkraft auf jeden der beiden Spiegel an, so entspricht diese der Differenz zwischen dem äußeren und dem inneren Strahlungsdruck. Das Vakuumfeld enthält beliebige Frequenzen, so dass man alle diese Beiträge zum Strahlungsdruck summieren muss, um die Gesamtkraft zu erhalten. Das Ergebnis ist die Casimir-Kraft. Sie ist für die meisten Materialien anziehend. Zum Beispiel ziehen sich zwei ebene Gold- oder Silberspiegel im Vakuum an. Für magnetische Materialien könnte es prinzipiell aber auch eine abstoßende Casimir-Kraft geben.

Die Casimir-Kraft ist ein Quanteneffekt und in makroskopischen Systemen recht klein. Sie ist aber dennoch heute mit modernen Techniken messbar. Bemerkenswerterweise wird sie für Abstände unterhalb eines Mikrometers sogar größer als alle anderen Kräfte, wenn man von der elektrischen Anziehungskraft absieht. Deswegen kann sie auch in Nanostrukturen und in mikro- oder nanoelektromechanischen Systemen↑[51] wichtig werden, da sich dort Bauelemente in nur sehr geringem Abstand voneinander befinden.

15. Wofür bekam Einstein den Nobelpreis?

Für seine Beiträge zur Relativitätstheorie und zur Gravitationstheorie bekam Albert Einstein erstaunlicherweise nie den Nobelpreis, obwohl sein Name ja unauslöschlich mit diesen beiden großen Theorien verbunden ist. Nein, in der Erklärung des Nobelpreiskomitees von 1922 wird Einstein der 1921 zurückgestellte Physiknobelpreis für die Erklärung des Photoeffekts, auch lichtelektrischer Effekt genannt, verliehen. Wenn er auch nicht so spektakulär ist wie die Relativitätstheorie, so hat doch auch der Photoeffekt eine wesentliche Bedeutung für die Entwicklung der modernen Physik, da er auf die Quantennatur des Lichts hinweist. Was hat es also damit auf sich?

Der Effekt wurde bereits 1839 zum ersten Mal von Alexandre Becquerel bemerkt, aber erst 1888 von Heinrich Hertz und Wilhelm Hallwachs genauer untersucht. Diese bestrahlten negativ geladene Metallplatten mit ultraviolettem Licht und stellten dabei fest, dass die negative Ladung im Laufe der Zeit abnimmt. Offenbar geben die Metalloberflächen durch die Lichteinwirkung negativ geladene Elektronen ab.

Hertz und Hallwachs beobachteten, dass bei einer stärkeren Lichtintensität zwar mehr Elektronen aus der Oberfläche herausgelöst werden, deren Energie jedoch unverändert bleibt. Dies ist überraschend, da im Wellenbild die Energie einer Welle mit deren Amplitude zunimmt. Wird dagegen die Frequenz des Lichts variiert, so verändert sich gleichzeitig die Geschwindigkeit der Elektronen und damit ihre Energie. Mit abnehmender Frequenz werden die Elektronen immer langsamer, und unterhalb einer bestimmten Grenzfrequenz werden überhaupt keine Elektronen mehr aus der Metallplatte herausgelöst.

Die Erklärung dieses Phänomens wurde 1905 von Einstein gegeben. Einstein nahm an, dass Licht aus Teilchen besteht, den sogenannten Lichtquanten, die eine bestimmte Energiemenge tragen. Diese Lichtquanten werden heute Photonen genannt. Der Teilchencharakter des Lichts stand nun in krassem Widerspruch zu seiner bereits nachgewiesenen Wellennatur, mit der man hervorragend die seit dem 19. Jahrhundert bekannten Interferenzexperimente erklären konnte. Daher konnte sich Einsteins Hypothese zunächst nicht durchsetzen, obwohl sie sich letzten Endes als richtig erwies. Licht hat also sowohl Wellen- als auch Teilchencharakter. Man spricht daher auch vom Welle-Teilchen-Dualismus. Die Energie eines Photons ist dabei proportional zur Frequenz der entsprechenden Welle, wobei das Verhältnis der beiden Größen gerade durch das plancksche Wirkungsquant gegeben ist.

Damit lässt sich nun der Photoeffekt verstehen. Die Elektronen sind an die Metalloberfläche gebunden, können diese also nicht einfach verlassen. Zu ihrem Herauslösen ist eine bestimmte Energiemenge nötig, die sogenannte Austrittsarbeit. Ist die Energie der auftreffenden Photonen größer als die Austrittsarbeit, können Elektronen die Oberfläche verlassen. Die Strahlungsenergie, die nach dem Aufwenden der Austrittsarbeit noch übrig ist, bekommen die Elektronen als Bewegungsenergie mit. Das erklärt, warum die Elektronen umso schneller sind, je größer die Lichtfrequenz und damit die eingestrahlte Energie ist. Ist dagegen die Strahlungsenergie kleiner als die Austrittsarbeit, müssen die Elektronen im Metall bleiben.

16. Was ist Interferenz? Unter Interferenz versteht man in der Physik die Überlagerung von Wellen (vgl. Abbildung 9). Zwei Wellenberge verstärken sich ebenso, wie aufeinandertreffende Wellentäler tiefer werden. Dagegen löschen sich ein Wellenberg und ein Wellental gegenseitig aus. Im Alltag könnte die Abbildung 9 zwei Wasserwellen darstellen, die von ins Wasser geworfenen Steinchen erzeugt wurden. Bei Radiowellen kann es ebenfalls zu Interferenz kommen, und auch die schillernden Farben einer dünnen Ölschicht haben hierin ihren Ursprung.

Da Interferenz eine typische Eigenschaft von Wellen ist, kommt dem Nachweis von Interferenzerscheinungen eine zentrale Rolle zu. Dies war zum Beispiel bei Licht der Fall, für das man seit Newton von der Existenz von Lichtteilchen ausgegangen war. Die Wende kam im 19. Jahrhundert durch den Doppelspaltversuch von Thomas Young, der in der bereits erwähnten Abbildung 9 gezeigt ist. Hierbei fällt eine Welle aus dem Bildhintergrund kommend auf eine Blende, die nur an zwei Spalten durchlässig ist. Die von den beiden Spalten ausgehenden Wellen überlagern sich zu einem komplexen Wellenmuster. Im Falle von Licht führt der Wechsel von Wellenbergen und -tälern auf einem Schirm zu einer Folge von hellen und dunklen Zonen.

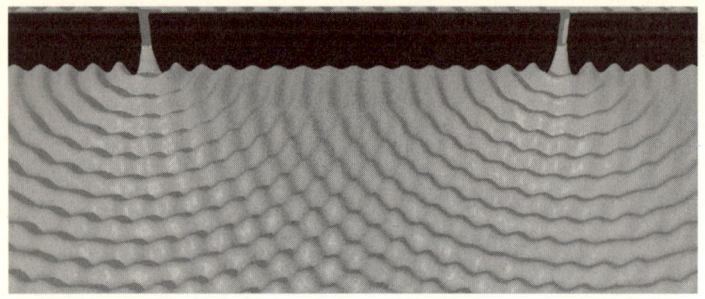

Abb. 9: Fällt eine Welle durch einen Doppelspalt, so bildet sich durch
Überlagerung von zwei Teilwellen ein Interferenzmuster aus.

Nimmt man an, dass Licht aus Teilchen besteht, so lassen sich solche
Interferenzerscheinungen nicht verstehen.

Nachdem Albert Einsteins Interpretation des Photoeffekts gezeigt
hatte, dass sich Licht sowohl wie eine Welle als auch wie ein Teilchen
verhalten kann, vermutete Louis de Broglie, dass umgekehrt Teilchen, wie zum Beispiel das Elektron, auch Welleneigenschaften zeigen sollten. Tatsächlich konnten Interferenzerscheinungen für Elektronen bald nachgewiesen werden. Später gelang dies auch für die
fast zweitausend Mal schwereren Neutronen. Interferenz tritt jedoch
nicht nur bei Elementarteilchen auf, sondern ist inzwischen sogar
für Fullerene↑[50] demonstriert worden. Dabei handelt es sich um fußballförmige Moleküle, die in den Interferenzexperimenten aus bis zu
70 Kohlenstoffatomen bestanden und immerhin etwa ein Hundertstel der Größe eines Virus erreichen.

Vor dem Hintergrund des Welle-Teilchen-Dualismus sind zwei Be-
merkungen aus der Sicht einer Teilchenbeschreibung angebracht.
Zunächst einmal hat die Auslöschung, die bei der Interferenz auftreten kann, nichts mit der Vernichtung von Teilchen zu tun, wenn Materie auf Antimaterie trifft↑[72]. Besonders bemerkenswert ist, dass
Interferenz auch nicht das Zusammenwirken vieler Teilchen erfordert. Man kann im Experiment nacheinander einzelne Teilchen
durch eine Doppelspaltanordnung schicken und letztlich doch Interferenz beobachten. Wie das zu verstehen ist, werden wir in Frage 18
sehen.

17. Warum läuft nichts in geregelten Bahnen? Im Jahr 1927 schreibt Werner Heisenberg die Unschärferelation nieder, die kurz und prägnant die Essenz dessen zusammenfasst, was den Unterschied zwischen klassischer Physik und Quantenphysik ausmacht. In der klassischen Physik kann man prinzipiell alle physikalischen Größen zu jeder Zeit mit beliebiger Genauigkeit bestimmen. In der Quantenphysik dagegen ist dies aufgrund der heisenbergschen Unschärferelation nicht möglich.

Zum Beispiel können wir für ein klassisches Teilchen gleichzeitig beliebig genau seine Position und seine Geschwindigkeit bestimmen. In der Quantenphysik sind diese physikalischen Größen, Position und Geschwindigkeit, mit einer Unschärfe behaftet. Es ist prinzipiell unmöglich, beide Größen gleichzeitig genau zu kennen. Das Produkt der beiden Unschärfen muss größer als ein bestimmter Minimalwert sein, der mit dem planckschen Wirkungsquant zusammenhängt und niemals verschwindet.

Stellen wir uns ein Experiment vor, bei dem wir versuchen, gleichzeitig die Position und die Geschwindigkeit eines winzigen Teilchens mit einem Mikroskop zu messen. Um die Position des Teilchens zu bestimmen, müssen wir es mit Licht beleuchten. Die Photonen, die am Teilchen reflektiert werden, übertragen dabei einen Rückstoß und verändern so schon bei der Messung die Geschwindigkeit des Teilchens. Eine gleichzeitige genaue Geschwindigkeitsmessung wird so unmöglich.

Für mikroskopische Teilchen, die durch die Quantentheorie beschrieben werden, ist es also tatsächlich nicht möglich, gleichzeitig beliebig genau Ort und Geschwindigkeit zu kennen. Die Messung einer Größe verändert die jeweils andere. Man bezeichnet die beiden Größen als komplementär. Nichts hindert uns allerdings daran, den Ort des Teilchens beliebig genau zu messen, wenn wir über seine Geschwindigkeit nichts wissen möchten.

Warum ist das in der klassischen Physik, die makroskopische Systeme beschreibt, nicht so? Ein klassisches Objekt, zum Beispiel ein Fußball, hat eine so große Masse, dass der Geschwindigkeitsübertrag, den die Lichtquanten beim Aufprall an den Fußball weitergeben, viel zu gering ist, um die Fußballgeschwindigkeit in irgendeiner sichtbaren Weise zu beeinflussen. Daher sehen wir die Folgen der heisenbergschen Unschärferelation in unserer makroskopischen Welt nicht.

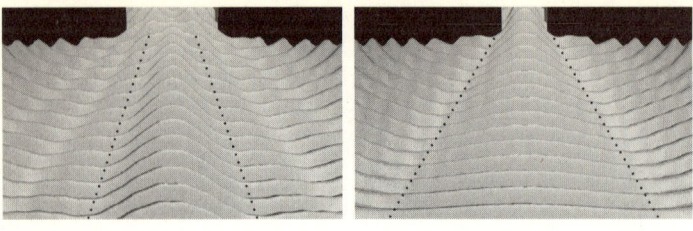

Abb. 10: Je schmaler der Spalt, desto schneller wird die Welle breiter.

Nachdem diese Überlegungen auf dem Teilchenbild beruhten, lohnt es sich, die Unschärferelation auch aus dem Blickwinkel des Wellenbildes zu betrachten. Um den Ort einer Welle möglichst gut zu lokalisieren, lässt man sie durch einen schmalen Spalt laufen, wie es in Abbildung 10 gezeigt ist. Wenn der Spalt nur ein paar Wellenlängen oder weniger breit ist, wird die Welle nach der Durchquerung des Spalts einen ganzen Winkelbereich ausfüllen, der durch die gepunkteten Linien angedeutet ist. Wie der Vergleich der beiden Bilder zeigt, wird dieses Beugungsphänomen umso stärker, je schmaler der Spalt ist. Legt man also durch einen schmalen Spalt die Position sehr genau fest, so geht dies auf Kosten einer Ungenauigkeit in der Geschwindigkeit senkrecht zur Ausbreitungsrichtung der Welle. Umgekehrt gilt Entsprechendes, und wir erhalten somit wieder die Aussage der heisenbergschen Unschärferelation. Dass diese im Alltag keine Rolle spielt, erklärt sich im Wellenbild daraus, dass makroskopische Objekte wegen ihrer großen Masse eine extrem kleine Wellenlänge besitzen.

18. Würfelt Gott?   Nicht immer lässt sich der Ablauf eines physikalischen Vorgangs genau vorhersagen. Mancher Spieler würde sich sicherlich wünschen, schon vor dem Wurf zu wissen, welche Seite des Würfels am Ende nach oben zeigen wird. Die Gesetze der klassischen Mechanik erlauben es im Prinzip, das Ergebnis des Wurfes vorherzusagen, wenn man nur genau weiß, wie der Würfel geworfen wird. Dennoch ist es praktisch unmöglich, gezielt das Wunschergebnis zu würfeln, da kleinste Abweichungen beim Wurf zu einem anderen Ergebnis führen. In solchen Fällen ist es häufig immerhin noch möglich zu sagen, mit welcher Wahrscheinlichkeit welches Ergebnis eintritt. Bei einem ungezinkten Würfel sollten alle Augenzahlen gleich wahrscheinlich sein.

In der klassischen Physik sind Unvorhersagbarkeiten also nicht prinzipieller, sondern praktischer Natur. Im Gegensatz dazu lassen sich in der Quantentheorie die Ergebnisse von Messungen außer in speziellen Situationen prinzipiell nicht genau vorhersagen. Dieser Umstand hat Einstein so sehr irritiert, dass er hierauf mit seinem berühmten «Gott würfelt nicht» reagierte.

Der Ursprung der Unvorhersagbarkeit von Messergebnissen in der Quantentheorie lässt sich als Konsequenz des Welle-Teilchen-Dualismus verstehen. Betrachten wir beispielsweise das in Abbildung 9 gezeigte komplexe Wellenmuster, das sich nach dem Durchlaufen eines Doppelspalts ergibt. Diese sogenannte Wellenfunktion beschreibt den Zustand eines einzelnen Teilchens. Handelt es sich dabei um ein Photon, so können wir versuchen, es mittels eines Filmes, den wir im Vordergrund der Abbildung 9 anbringen, nachzuweisen. Das Resultat wird ein kleiner Fleck irgendwo auf dem Film sein, wie es in der Abbildung 11 ganz links zu sehen ist. Wo sich der schwarze Punkt befinden wird, lässt sich vor der Messung nicht sagen.

Von der komplexen Wellenstruktur der Abbildung 9 ist in dem linken Filmstreifen der Abbildung 11 nichts zu sehen. So, wie man mit einem Würfel eine Vielzahl von Würfen durchführen und die Verteilung der Ergebnisse bestimmen kann, so kann man auch durch die Doppelspaltanordnung viele Photonen nacheinander schicken. Auf dem Film, den wir zum Nachweis der Photonen verwenden, werden immer mehr schwarze Punkte zu sehen sein. In Abbildung 11 wird deutlich, wie sich auf diese Weise von links nach rechts ein Bild mit Hell-Dunkel-Wechseln aufbaut, die dem Wechsel von Wellentälern und -bergen in Abbildung 9 entsprechen. Im rechten Bild sind 50 000 Messungen simuliert worden, die bereits recht gut die Wahrscheinlichkeit wiedergeben, mit der ein Photon an einer bestimmten Stelle nachgewiesen werden kann. Die einzigen Stellen, an denen das Messergebnis bereits im Voraus feststeht, sind die Mitten der weißen Streifen. Dort führt die Interferenz zu einer gegenseitigen Auslöschung der Teilwellen, die von den beiden Spalten ausgehen. Hier kann mit Sicherheit kein Photon nachgewiesen werden.

In unserem Beispiel haben wir das Photon durch den Nachweis auf dem Film vernichtet. Man kann sich jedoch auch vorstellen, dass das Teilchen nach der Messung noch für weitere Messungen zur Verfügung steht. Nach dem, was wir uns gerade überlegt haben, wird man bei der ersten Messung im Allgemeinen mit einer gewissen Wahr-

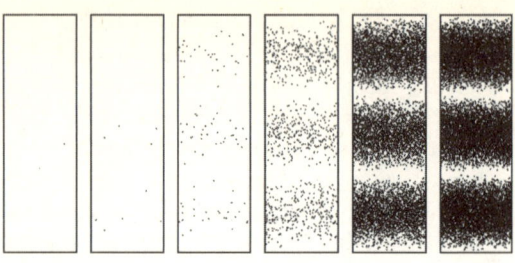

Abb. 11: Beim Nachweis einzelner Photonen hinter einem Doppelspalt baut sich mit zunehmender Anzahl der Messungen ein Interferenzmuster auf.

scheinlichkeit eines von mehreren möglichen Ergebnissen erhalten. Führt man unmittelbar anschließend eine erneute Messung der gleichen Größe durch, so muss man dasselbe Ergebnis erhalten. Andernfalls wäre die Messung nicht reproduzierbar und das Konzept einer Messung an sich in Frage gestellt. Unmittelbar nach der ersten Messung muss somit ein Zustand vorliegen, der sich von dem anfänglichen Zustand unterscheidet. Schließlich steht nun das Ergebnis einer zweiten Messung der gleichen Größe fest. Eine Messung führt also im Allgemeinen zu einer Änderung des Zustands. Dadurch wird es unter anderem möglich, Abhörversuche bei der Informationsübertragung zu unterbinden ↑[36].

Auch wenn der Verlust des Determinismus der klassischen Physik in der Quantentheorie als Folge des Welle-Teilchen-Dualismus verständlich wird, kann man fragen, ob sich eine Theorie finden lässt, die das tatsächliche Messergebnis insgeheim im Voraus bestimmt, ob also Gott vielleicht doch nicht würfelt. Dies geht dann über die Frage der Interpretation der Quantentheorie hinaus, wenn eine experimentell überprüfbare Vorhersage gemacht werden kann, die es erlaubt, zwischen der Quantentheorie und alternativen Theorien zu unterscheiden. In Frage 32 werden wir zeigen, dass dies tatsächlich der Fall ist, wenn man mindestens zwei Teilchen betrachtet. Um es schon vorwegzunehmen: Man findet keinen Widerspruch zur Quantentheorie, so dass sich Einstein wohl damit abfinden müsste, dass Gott würfelt.

19. Können sich Atome ausweisen? Existiert so etwas wie ein atomarer Fingerabdruck, anhand dessen man eine Atomsorte identifizieren kann? Tatsächlich gibt es das. Es handelt sich um atomare Spektrallinien. Diese entstehen bei der Wechselwirkung von Atomen mit elektromagnetischer Strahlung. Wesentlich hierfür ist, dass Atome sich nur in bestimmten diskreten Energiezuständen befinden können und nicht jede beliebige Energie aufnehmen oder abstrahlen dürfen. Man kann sich das Energiespektrum von Atomen wie eine Art Leiter vorstellen, bei der jeder Sprosse ein erlaubter Energiezustand entspricht. Die unterste Sprosse ist der atomare Grundzustand, er hat die niedrigste Energie und ist stabil. Alle darüberliegenden Zustände werden angeregte Zustände genannt. Ihre Energie ist umso größer, je höher sie liegen. Die genaue Lage dieser Zustände ist von einer Atomsorte zur nächsten verschieden und eröffnet somit die Möglichkeit, chemische Elemente zu identifizieren.

Bei der Wechselwirkung zwischen Atomen und Licht können verschiedene Phänomene auftreten. Am einfachsten versteht man sie, wenn man sich auf zwei Energiezustände eines Atoms, den Grundzustand und einen angeregten Zustand, beschränkt. Nur wenn dem Atom Energie zugeführt wird, kann es vom Grundzustand in den angeregten Zustand gelangen. Beleuchtet man also ein Atom im Grundzustand mit einer Lichtquelle, so kann es ein Lichtquant absorbieren und in den angeregten Zustand übergehen. Dabei muss die Energiedifferenz zwischen den beiden Zuständen gerade vom Lichtquant zur Verfügung gestellt werden. Seine Frequenz, die, wie wir in Frage 15 gesehen hatten, mit der Energie zusammenhängt, muss also passend gewählt sein. Dieser Vorgang der Absorption ist links in Abbildung 12 dargestellt.

Der angeregte Zustand lebt nicht beliebig lange, denn durch Abgabe von Energie kann das Atom in den Grundzustand zurückkehren, so wie es Abbildung 12 in der Mitte zeigt. Dieser Vorgang findet spontan statt, sein genauer Zeitpunkt ist also nicht vorhersagbar. Man spricht daher auch von «spontaner Emission». Mehrere Atome strahlen Lichtquanten also zu unterschiedlichen, rein zufälligen Zeitpunkten ab. Man sagt, die Strahlung sei nicht in Phase. Man kann sich das ähnlich wie Soldaten vorstellen, die zwar mit gleicher Schrittlänge marschieren, aber alle zu den verschiedensten Zeiten einfach loslaufen. Das Lichtquant kann bei der spontanen Emission auch in beliebige Raumrichtungen abgestrahlt werden. Die Soldaten

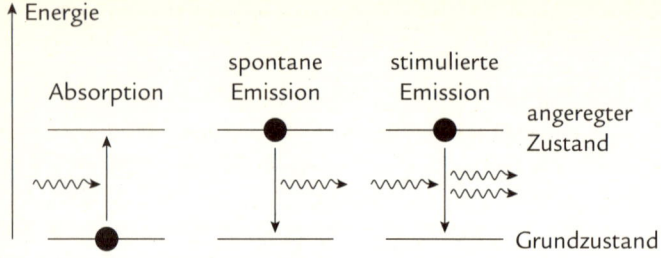

Abb. 12: Der Übergang zwischen zwei Zuständen eines Atoms kann
auf drei verschiedene Weisen erfolgen.

laufen also nicht nur taktversetzt, sondern auch noch durcheinander. Da es keine bevorzugte Richtung gibt, füllen die spontan emittierten Photonen von vielen Atomen gleichmäßig alle Raumrichtungen.

Wird dagegen das Atom im angeregten Zustand weiterhin mit einer Lichtquelle bestrahlt, so tritt neben der spontanen Emission auch «stimulierte Emission» auf, wie rechts in Abbildung 12 gezeigt ist. Dieser Prozess wird durch Lichtteilchen von außen angeregt und hat daher keinen Zufallscharakter. Das Atom strahlt hier ein Lichtquant ab, dessen Frequenz, Phase und Ausbreitungsrichtung genau denen des anregenden Lichtteilchens entsprechen. Bei der stimulierten Emission werden also aus einem anregenden Lichtquant zwei abgestrahlte Lichtquanten. Militärisch gesprochen marschiert hier eine Kompanie im Gleichschritt und in dieselbe Richtung. Dieses Phänomen wird im Laser ausgenutzt.

Kommen wir nun zurück zur Frage der Identifikation von Atomen. Spektrallinien waren schon lange vor der Entwicklung der Quantenmechanik als schwarze Linien im Sonnenspektrum bekannt, ohne dass man allerdings ihren Ursprung verstanden hatte. Diese sogenannten Fraunhofer-Linien kommen durch Absorption des Sonnenlichts von Atomen und Molekülen nahe der Sonne und in der Erdatmosphäre zustande. Das Sonnenlicht wird bei den passenden Frequenzen zunächst absorbiert und dann gleichmäßig in alle Raumrichtungen wieder abgestrahlt. Hierbei geht nur noch ein Bruchteil der gesamten Sonnenstrahlung in die ursprüngliche Ausbreitungsrichtung. Misst man die Intensität der Sonneneinstrahlung für verschiedene Frequenzen, so findet man bei manchen Frequenzen also dunkle Streifen. Diese bilden eine Art Fingerabdruck, mit dessen Hilfe man die Anwesenheit von bestimmten Atomen oder Molekülen feststellen kann.

20. Gibt es den Stein der Weisen?   Kann man also ein chemisches Element, zum Beispiel ein unattraktives und giftiges Metall wie Quecksilber, in pures Gold umwandeln?

Tatsächlich können manche Atomkerne durch physikalische Prozesse zerfallen, wodurch andere Kerne entstehen. Um zu verstehen, warum das so ist, müssen wir uns erst einmal klarmachen, was in einem solchen Atomkern eigentlich alles enthalten ist. Ein Atom besteht aus seinem Kern und den ihn umgebenden Elektronen. Schematisch kann man sich das wie einen Apfel vorstellen. Innen ist das Kerngehäuse und außen das Fruchtfleisch mit der Schale. Nur die Größenverhältnisse sind ganz anders. Nicht nur, dass der Apfel etwa eine Milliarde Mal größer ist als ein Atom, im Apfel ist das Kerngehäuse nur etwa fünfmal kleiner als die gesamte Frucht. Dagegen ist der Atomkern 10 000 Mal kleiner als das ganze Atom. Das entspräche einem Apfel mit einem flaumhaarfeinen Kerngehäuse.

Atome haben keine Ladung, sie sind neutral. Elektronen dagegen sind negativ geladene Teilchen. Diese Ladung wird durch eine gleiche Anzahl von positiv geladenen Teilchen im Atomkern, den Protonen, kompensiert. Außerdem kann der Atomkern Neutronen, die keine Ladung tragen, enthalten. Protonen und Neutronen sind fast 2000 Mal schwerer als Elektronen, so dass die Masse eines Atoms praktisch ausschließlich im Kern konzentriert ist. Ein Atom mit einer bestimmten Protonen- und Elektronenzahl stellt ein chemisches Element dar. Die Neutronenzahl kann aber in gewissen Grenzen variieren. Fast alle chemischen Elemente kommen in mehreren Ausführungen vor, die sich durch ihre Neutronenzahl unterscheiden und die man Isotope nennt. Die Bindung zwischen Protonen und Neutronen kommt durch Kernkräfte zustande, die in Frage 73 näher vorgestellt werden.

Sehr schwere Atomkerne sind häufig nicht stabil und zerfallen deswegen spontan in stabilere Kerne. Diese Elemente sind radioaktiv und senden Strahlung aus. Es gibt mehrere Arten von radioaktiver Strahlung. Ein zu schwerer Atomkern kann zum Beispiel zerfallen, indem er einen Heliumkern abgibt. Dieser besteht aus zwei Protonen und zwei Neutronen. Man nennt die hier auftretende Strahlung aus historischen Gründen Alphastrahlung. Ein Alphateilchen ist somit nichts anderes als ein Heliumkern. Der neu entstandene, stabilere Atomkern besitzt zwei Protonen weniger als der ursprüngliche Kern. Es hat eine Umwandlung von einem chemischen Element in ein anderes stattgefunden. Ein Atomkern kann auch zerfallen, indem ein Neutron in ein Proton umgewandelt und dabei ein Elektron abgestrahlt wird. Dies ist die sogenannte Betastrahlung. Der Betazerfall führt ebenfalls zur Erzeugung eines anderen chemischen Elements. Außerdem kann ein zu schwerer Atomkern in zwei leichtere Atomkerne zerfallen. Bei einer solchen Kernspaltung wird viel Energie freigesetzt, die die neuen Elemente als Bewegungsenergie mitbekommen. Oft entstehen dabei auch noch Neutronen oder Alphateilchen. Häufig sind die beim Alpha- und Betazerfall entstehenden Atomkerne noch nicht im niedrigsten Energiezustand, sondern sie schwingen oder rotieren noch. Um ihren Grundzustand zu erreichen, geben die Kerne diese Energie in Form von Gammastrahlung ab, die aus Photonen besteht. Ihre Energie liegt aber weit über der des sichtbaren Lichts.

Zurück zum Stein der Weisen: Bei den eben beschriebenen Vorgängen werden offenbar Elemente ineinander umgewandelt. Leider geht das spontan nicht bei allen Elementen, und Quecksilber gehört zu den schlechten Kandidaten. Es kann nicht ohne unser Zutun in Gold zerfallen. Um Quecksilber in Gold zu verwandeln, muss man es zunächst mit Neutronen und Elektronen bestrahlen. Wenn man es richtig macht, entsteht dabei aus dem Quecksilberisotop mit 116 Neutronen reines Gold. Unglücklicherweise braucht man hierzu einen Kernreaktor. Der Aufwand für die Umwandlung ist also viel zu groß, um von irgendeinem wirschaftlichen Nutzen zu sein. Einfacher und günstiger bleibt es immer noch, sein altes Quecksilber-Fieberthermometer umweltfreundlich zu entsorgen und Gold beim Juwelier oder am Goldmarkt zu erstehen.

21. Was ist der Tunneleffekt? Gäbe es den Tunneleffekt nicht, könnten unter anderem die Sterne und insbesondere unsere Sonne nicht leuchten. In der Sonne laufen Kernfusionen ab, die Energie liefern und von denen wir uns eine etwas genauer ansehen wollen. Dabei wird ein Wasserstoffkern, der lediglich aus einem positiv geladenen Proton besteht, mit einem Deuteriumkern, der ein Proton und ein Neutron enthält, zu einem Heliumkern verschmolzen, der aus

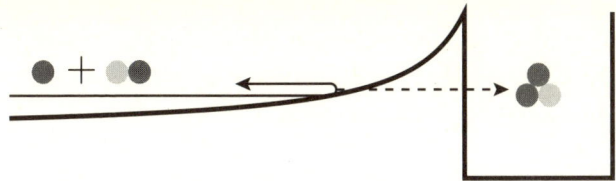

Abb. 13: Ein Wasserstoff- und ein Deuteriumkern laufen aufeinander zu und entfernen sich aufgrund der Abstoßung der positiven Ladungen wieder voneinander. Nur durch den Tunneleffekt, der durch den gestrichelten Pfeil angedeutet ist, kann es zur Fusion zu einem Heliumkern kommen.

diesen drei Elementarteilchen besteht. Die Kernkraft↑[73] bindet die beiden Protonen und das Neutron so stark aneinander, dass bei diesem Vorgang Energie frei wird. Allerdings gibt es ein Hindernis auf dem Weg zum energetisch günstigeren Heliumkern.

Zunächst müssen nämlich zwei positiv geladene Atomkerne zusammengebracht werden, die sich aufgrund ihrer gleichnamigen Ladung gegenseitig abstoßen. Die Kernkraft wirkt nur auf sehr kurzen Abständen und kann daher dieser Coulombabstoßung zunächst nicht entgegenwirken. Die Atomkerne müssen somit zunächst einen Berg überwinden, um dann in ein tieferes Tal zu gelangen. Dies ist in Abbildung 13 gezeigt, in der dieser Abstand der beiden Atomkerne umso kleiner ist, je weiter man nach rechts geht. Man sieht, wie sich mit geringer werdendem Abstand ein Berg aufbaut.

In der klassischen Physik können die Atomkerne nur dann in das rechte Tal gelangen, also zu einem Heliumkern verschmelzen, wenn die Kerne genügend Energie mitbringen, um über die Spitze des Potentialbergs zu gelangen. Genügt die Energie nicht, so bewegen sich die Kerne zunächst aufeinander zu, um sich anschließend wieder voneinander zu entfernen, wenn die Abstoßung der beiden positiven Ladungen zu groß wird.

In der Quantenphysik gibt es dagegen die Möglichkeit, den Berg zu durchtunneln, wie es durch die gestrichelte Linie angedeutet ist. Man spricht daher vom Tunneleffekt und bezieht sich dabei allgemein auf eine Situation, bei der ein Quantensystem eine Barriere überwindet, ohne die dafür klassisch erforderliche Energie zu besitzen. Solche Barrieren treten in der Physik häufig auf, und so spielt der Tunneleffekt des Öfteren eine Rolle. Weitere Beispiele wären der

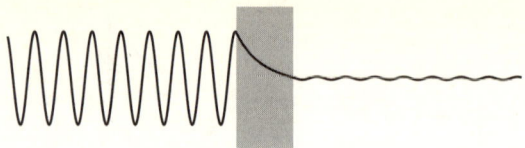

Abb. 14: Ein kleiner Anteil einer Welle kann durch die grau
dargestellte Barriere tunneln.

Zerfall eines Atomkerns unter Aussendung eines Alphateilchens oder
das Rastertunnelmikroskop↑[45].

In Abbildung 14 ist angedeutet, wie man den Tunneleffekt im Wellenbild verstehen kann. Eine Welle läuft von links auf eine Barriere,
die hier durch den grauen Bereich angedeutet ist. In diesen Bereich
kann die Welle ein wenig vordringen, sie wird jedoch schnell gedämpft. Wenn die Barriere dünn genug ist, kann ein kleiner Teil der
Welle seinen Weg rechts der Barriere fortsetzen. Der größte Teil wird
jedoch wieder nach links reflektiert. Je breiter und höher die Barriere
wird, umso kleiner wird der Anteil der Welle, der die Barriere durch-
dringt.

Für die Frage, ob wir somit vielleicht durch Wände gehen können,
ist noch wichtig, dass die Wahrscheinlichkeit hierfür mit zunehmender Masse sehr schnell abnimmt. Da hilft auch keine Diät. Lediglich mikroskopische Objekte, wie Elektronen oder Atome, haben eine
realistische Chance, erfolgreich durch eine Barriere zu tunneln.

22. Spinnen manche Teilchen?   Bei Tischtennis- oder Tennistur-
nieren fällt gelegentlich der Begriff «Topspin». Diese Art, den Ball
anzuschneiden, so dass er mit einem Vorwärtsdrall davonfliegt, dient
der Täuschung des Gegenspielers, da die Flugbahn des Balls geändert wird. Das Wort «Spin» kommt von der englischen Bezeichnung
für «kreiseln». Auch in der Physik gibt es einen Spin, und dieser spielt
sogar in praktischen Anwendungen eine große Rolle, zum Beispiel in
der Kernspintomographie, die in der nächsten Frage behandelt
wird.

Der Spin ist eine unveränderliche Eigenschaft der Teilchen, genau
wie ihre Masse oder ihre Ladung. Wie auch der Topspin im Tischten-
nis, ist der Spin in der Physik eine Art Drall. Er wird häufig auch als
«Eigendrehimpuls» bezeichnet, was allerdings nicht heißt, dass sich

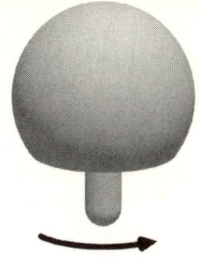

Abb. 15: So, wie ein Stehaufkreisel den Kopf oben oder unten haben kann, so kann der Spin eines Elektrons nach oben oder unten ausgerichtet sein.

ein Teilchen mit Spin wirklich um sich selbst dreht. Elektronen, Protonen und Neutronen tragen den Spin 1/2, Photonen dagegen haben den Spin 1 und Gravitonen den Spin 2. Allgemein haben Fermionen einen halbzahligen, Bosonen einen ganzzzahligen Spin↑[28].

Mit dem Spin ist ein magnetisches Moment verbunden, so dass sich der Spin eines Teilchens in einem Magnetfeld ähnlich wie eine Kompassnadel ausrichtet. Bei einem Spin 1/2 kann sich das magnetische Moment entweder in Richtung des Magnetfelds oder entgegengesetzt dazu einstellen. Wir stoßen hier wieder auf eine Quantisierung, wie sie uns schon bei der eingespannten Saite↑[10] begegnet war. Für das magnetische Moment ist es energetisch am günstigsten, wenn es sich, genau wie die Kompassnadel, in Richtung des Magnetfeldes einstellt. Um die umgekehrte Einstellung zu erreichen, muss man Energie aufwenden.

Dass die Energie für die zwei Zustände verschieden ist, kann man sich mit Hilfe einer Analogie zum Stehaufkreisel überlegen. Dieser sieht aus wie ein Champignon. Durch Andrehen des nach oben zeigenden Stiels bringt man ihn dazu, auf seinem Kopf stehend zu rotieren, wie dies links in Abbildung 15 gezeigt ist. Das entspricht der Bewegung mit der niedrigeren Energie, da der Schwerpunkt des Kreisels am tiefstmöglichen Punkt liegt. Hat man den Kreisel aber sehr stark angedreht, so verfügt er über genügend Energie, um sich von alleine auf den Stiel zu stellen und auf diesem weiterzudrehen, wie es rechts in der Abbildung 15 zu sehen ist. In diesem Fall liegt der Schwerpunkt höher, und der Kreisel hat somit im Schwerefeld eine größere Energie. Mit dem Spin 1/2 verhält es sich genauso. Hat der

Spin wie zum Beispiel beim Photon einen höheren Wert, so sind mehr als zwei verschiedene Einstellungen möglich. Hier versagt unser Kreiselbild.

Die Abhängigkeit der Energie des Elektronenspins von seiner Ausrichtung in einem Magnetfeld lässt sich unter anderem als Aufspaltung atomarer Spektrallinien beobachten. Es war dieser sogenannte anomale Zeemaneffekt, der Wolfgang Pauli bereits 1924 dazu brachte, den Spin als Eigenschaft des Elektrons einzuführen. Der Effekt wäre sonst im Rahmen der neu geborenen Quantenmechanik nicht zu verstehen gewesen.

23. Worauf beruht ein Kernspintomograph? Diese aus den 1980er Jahren stammende Erfindung ist heutzutage aus der Medizin gar nicht mehr wegzudenken. Sie beruht auf der Kernspinresonanz, für deren Untersuchung Paul Lauterbur und Sir Peter Mansfield im Jahr 2003 den Medizinnobelpreis erhalten haben.

Die Kernspinresonanz basiert auf dem Spin von Atomkernen. Da deren Bestandteile, Protonen und Neutronen, einen Spin 1/2 besitzen, tragen auch Atomkerne einen Spin. Ein typischer Wasserstoffkern mit nur einem Proton besitzt den Spin 1/2. Ob der Kernspin ganz- oder halbzahlig ist, hängt davon ab, ob die Gesamtzahl der Protonen und Neutronen gerade oder ungerade ist. Zum Beispiel hat ein Sauerstoffkern mit 17 Neutronen und Protonen den Spin 5/2, wobei 11 Spins in die eine und 6 Spins in die andere Richtung zeigen. Dagegen hat ein Stickstoffkern mit 14 Kernbausteinen den Spin 1.

Bringt man einen Atomkern in ein Magnetfeld, so ändert sich seine Energie in Abhängigkeit von der Stärke des Feldes und der Ausrichtung seines Spins. Da der Spin gequantelt ist, gibt es nur eine bestimmte Anzahl von möglichen Energien, die der Atomkern annehmen kann, und zwar zwei für den eben erwähnten Wasserstoffkern, aber sechs für den Sauerstoffkern.

Verschiedene Zustände des Kernspins unterscheiden sich also in ihrer Energie. Ein Übergang zwischen zwei Zuständen kann daher nur erfolgen, wenn der Atomkern die entsprechende Differenzenergie aufnimmt beziehungsweise abgibt. Diese ist viel kleiner als die Energiedifferenzen zwischen Elektronenzuständen im Atom, für deren Anregung man Licht braucht. Um Übergänge zwischen verschiedenen Kernspinzuständen anzuregen, sind lediglich Radiowellen nötig, die eine viel niedrigere Frequenz besitzen und entsprechend weniger Energie zur Verfügung stellen. Der Atomkern wird nur dann ein Quant dieser elektromagnetischen Strahlung absorbieren können, wenn die Frequenz genau zur Energiedifferenz zweier Kernspinzustände passt. Man spricht dann von Kernspinresonanz. Für alle anderen Frequenzen gehen die Radiowellen ungestört durch die Materie hindurch.

Ändert man nun die Stärke des Magnetfelds, so ändert sich auch die Resonanzfrequenz, und man kann auf diese Weise eine ganze Reihe von Kernspinresonanzen verschiedener Atomkerne auf die eingestrahlte Radiofrequenz abstimmen. Das ermöglicht wiederum, bei Messungen die verschiedenen Atomkerne zu unterscheiden und so zu wissen, welche Elemente sich zum Beispiel in einem Gewebe befinden. Um eine dreidimensionale Abbildung von Teilen des menschlichen Körpers zu erreichen, wird außerdem bei Kernspinresonanzmessungen das Magnetfeld räumlich variiert. Dadurch ändert sich ebenfalls die Resonanzfrequenz eines bestimmten Atomkerns, abhängig davon, wo er sich im Körper befindet.

24. Wie entstehen Röntgenstrahlen? Wir alle kennen Röntgenstrahlen von dem einen oder anderen Arztbesuch, als nachgeschaut werden musste, ob nicht doch vielleicht ein Knochen gebrochen war.

Röntgenstrahlen werden erzeugt, wenn geladene Teilchen, wie zum Beispiel Elektronen, stark abgebremst werden. Man nennt diese Strahlung daher auch manchmal «Bremsstrahlung». Wilhelm Conrad Röntgen entdeckte die Strahlen Ende des 19. Jahrhunderts, als er mit einer Kathodenstrahlröhre experimentierte. Als Kathode bezeichnet man einen Draht, der am negativen Pol einer Spannungsquelle hängt. Eine Kathode ist also negativ geladen. Befindet sich ihr gegenüber eine Anode, die ihrerseits mit dem positiven Pol der Spannungsquelle verbunden ist, so besteht zwischen den beiden Elektroden ein elektrisches Feld. Reicht die Feldstärke aus, so können Elektronen aus der Kathode gerissen und zur Anode hin beschleunigt werden. Beim Eindringen in das Anodenmaterial werden die Elektronen nun plötzlich abgebremst und müssen dabei ihre Bewegungsenergie loswerden. Ein Teil dieser Energie wird in energiereiche elektromagnetische Strahlung umgesetzt, deren Frequenz zwischen tausend und hunderttausendmal größer als die des sichtbaren Lichts ist.

Man hatte zu Röntgens Zeiten bereits ein Leuchten zwischen der Kathode und der Anode bemerkt, ohne dessen Ursprung zu verstehen. Hierbei handelte es sich aber um sichtbares Licht, also keine Röntgenstrahlen, die man ja nicht mit bloßem Auge sehen kann. Röntgen deckte nun seinen Apparat mit schwarzer Pappe ab, so dass das Licht nicht nach außen dringen konnte. Erstaunlicherweise gab es trotzdem Lichtblitze außerhalb des Apparats, und zwar auf einem Fluoreszenzschirm, mit dem man für das Auge nicht wahrnehmbare Strahlung nachweisen kann. Röntgen erkannte schnell die Nützlichkeit dieser neuen Strahlen und nahm ein Röntgenbild einer Hand seiner Frau auf. Generell beruht die Röntgendiagnose in der Medizin und der Materialprüfung darauf, dass Röntgenstrahlen beim Durchdringen von Materialien verschieden stark abgeschwächt werden.

Neben der Bremsstrahlung gibt es weitere Quellen für Röntgenstrahlung. Elektronen, die in das Anodenmaterial eindringen, können auch Elektronen aus den tief liegenden Energiezuständen der Atome herausschlagen. Der so freiwerdende energetisch niedrigere Zustand wird anschließend wieder von einem Elektron aus einem höher liegenden Energieniveau besetzt. Dabei gibt es die Energiedifferenz in Form von Röntgenstrahlung ab. Wegen ihrer Abhängigkeit von der Atomsorte spricht man hier von charakteristischer Strahlung.

Röntgenstrahlen können nicht nur künstlich erzeugt werden. Auf der Erde werden sie auf natürliche Weise bei radioaktiven Zerfällen erzeugt oder treten als Bestandteil der Höhenstrahlung auf. Sie werden dann Gammastrahlen genannt, unterscheiden sich von den Röntgenstrahlen aber nur durch ihre Entstehung.

25. Wie fängt man ein Atom? Wenn man bedenkt, dass sich Luftmoleküle bei Raumtemperatur mit etwa 1000 Metern pro Sekunde bewegen, so ist das kein leichtes Unterfangen. Um Atome einzufangen, muss man sie zunächst abbremsen. Da ihre Geschwindigkeit mit fallender Temperatur abnimmt, ist dies gleichbedeutend damit, das Gas zu sehr tiefen Temperaturen abzukühlen.

Im Folgenden betrachten wir statt Luftmolekülen Atome, die wir abkühlen und einfangen wollen. Da Atome elektrisch neutral sind, kann man sie nicht einfach mit Hilfe von elektrischen oder magnetischen Feldern abbremsen. Man verwendet daher optische Kräfte, die aus der Wechselwirkung der Atome mit Licht herrühren.

Man kann sich dies als Stoß zwischen Atom und Lichtquant ähnlich wie bei Billardkugeln vorstellen. Der resultierende Strahlungsdruck kann zum Bremsen der Atome benutzt werden. Nun führen Atome aufgrund ihrer Temperatur eine natürliche zufällige thermische Bewegung in alle Raumrichtungen aus. Es genügt also nicht, einfach einen Laserstrahl auf die Atomwolke zu richten und zu hoffen, dass dieser die Atome schon bremsen werde. Man braucht zum Kühlen noch einen weiteren Effekt.

Die einfachste Kühlmethode beruht auf dem Dopplereffekt↑[57]. Dabei beleuchtet man ein Atomgas mit einem Laserstrahl einer bestimmten Frequenz. Fliegt ein Atom auf den Laserstrahl zu, so erscheint ihm aufgrund des Dopplereffekts das Licht nicht bei der eigentlichen Laserfrequenz, sondern bei einer leicht höheren Frequenz. Umgekehrt verhält es sich, wenn sich das Atom vom Laser entfernt. In diesem Fall sieht es die Laserfrequenz leicht erniedrigt.

Man richtet nun von links und rechts zwei gleiche Laserstrahlen auf die Atomwolke. Die Laserfrequenz muss hierbei etwas niedriger sein als die Übergangsfrequenz zwischen zwei atomaren Energiezuständen, so dass die Atome, die in Ruhe sind, so gut wie keine Lichtquanten absorbieren. Für Atome, die nach rechts fliegen, ist die Frequenz des von links kommenden Laserstrahls erst recht zu niedrig. Hingegen absorbieren die Atome Lichtquanten aus dem von rechts kommenden Strahl, da dessen Frequenz höher erscheint. Diese Atome werden somit durch die entgegenkommenden Lichtquanten abgebremst. Entsprechendes gilt für die nach links fliegenden Atome. Diese absorbieren vor allem Lichtquanten aus dem von links kommenden Laserstrahl und werden ebenfalls abgebremst. Um die Atome in allen drei Raumrichtungen abzubremsen, bestrahlt man sie aus jeder der drei Raumrichtungen mit je zwei entgegengesetzten Laserstrahlen.

Allerdings absorbieren die Atome nicht nur Photonen, sondern strahlen diese auch wieder ab. Dabei erhält das Atom jedes Mal einen Rückstoß, ähnlich wie ein Schütze, der ein Gewehr abfeuert. Da dieser Rückstoß in eine zufällige Richtung erfolgt, wirkt er sich zunächst nicht nachteilig auf die Abbremsung aus. Bei sehr langsamen Atomen kann der Rückstoß jedoch eine beschleunigende Wirkung haben. Dann ist die Rückstoßgrenze des Laserkühlens erreicht, und die Atome können durch die Wechselwirkung mit dem Laserlicht nicht weiter abgekühlt werden. Um die Atome noch weiter abzukühlen, muss man sich anderer Verfahren bedienen, zum Beispiel des Sisyphuskühlens. Hierbei richtet man es so ein, dass die Atome, wie der Held der griechischen Sage, immer wieder einen Potentialberg hinauflaufen müssen. Dabei verlieren sie ständig Energie und werden immer kälter.

Man kann die Atome auf diese Art und Weise bis auf einige Millionstel Grad über dem absoluten Temperaturnullpunkt↑[4] abkühlen. Das bedeutet aber noch lange nicht, dass die Atome eingefangen sind. Selbst bei diesen tiefen Temperaturen stehen die Atome nämlich nicht vollständig still, sondern führen immer noch Zufallsbewegungen aus. Wie eine betrunkene Person, die durch die Stadt torkelt und dabei durchaus vorankommt, entfernen sich die Atome von ihrer ursprünglichen Position. Man benötigt also zusätzlich eine Kraft, die sie dorthin zurückbringt, eine Rückholkraft.

Eine solche Rückholkraft kann dadurch erreicht werden, dass man ein geeignetes Magnetfeld um die Atome herum anlegt. Im Zentrum der dadurch gebildeten Falle sind das Magnetfeld und die Rückholkraft Null. Außerhalb der Fallenmitte erzeugt das Magnetfeld eine Kraft, die überall in die Fallenmitte zeigt und daher Ausreißer wieder in die Falle zurücktreibt. Man nennt eine solche Anordnung auch magneto-optische Falle. In ihr können Milliarden von Atomen während einiger Minuten eingefangen und gespeichert werden.

26. Wie funktioniert ein Laser?   Vor etwa fünfzig Jahren, im Jahr 1960, wurde der erste Laser von Theodore Maiman gebaut. Seitdem ist der Laser ständig weiterentwickelt und verbessert worden und heute weder aus moderner Wissenschaft und Technik noch aus Unterhaltungselektronik und Kommunikation wegzudenken. Aufgrund seiner außerordentlichen Eigenschaften hat er ein unglaublich breites Anwendungsspektrum. So dient er gleichermaßen zum Abspielen von CDs und DVDs wie auch zum Schweißen oder Schneiden von Metall und wird sogar zu Präzisionsabstandsmessungen zwischen Erde und Mond eingesetzt.

Das Wort «Laser» ist ein Akronym des englischen Ausdrucks «Light Amplification by Stimulated Emission of Radiation». Auf Deutsch bedeutet das «Lichtverstärkung durch stimulierte Emission von Strahlung». Ein Laser hat drei wesentliche Ingredienzien: ein aktives Medium, welches aus Atomen oder Molekülen im festen, flüssigen oder gasförmigen Zustand besteht, eine Pumpquelle und einen

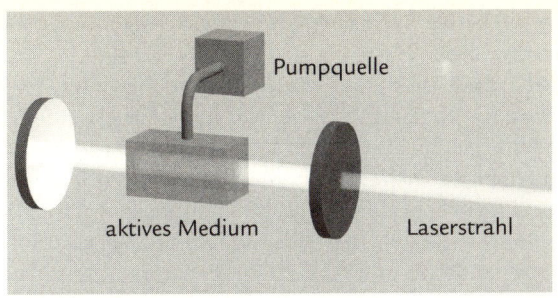

Abb. 16: In einem Laser wird Licht zwischen zwei Spiegeln reflektiert und beim Durchlaufen des aktiven Mediums, das von einer Pumpquelle mit Energie versorgt wird, verstärkt. Ein Teil des Lichts wird als Laserstrahl ausgekoppelt.

Resonator, der typischerweise aus zwei Spiegeln besteht. Das aktive Medium befindet sich innerhalb des Resonators und wird von außen durch die Pumpquelle angeregt, wie es Abbildung 16 schematisch zeigt.

Wie wir in Frage 19 gesehen haben, können drei verschiedene Phänomene auftreten, wenn Atome mit Licht bestrahlt werden. Bei der Absorption nimmt das Atom ein Lichtquant auf. Dieser Prozess wird zur Anregung der Atome im Laser benutzt. Bei der spontanen Emission sendet das Atom ein Lichtquant zufällig aus. Dieser Vorgang ist für den Laser nicht zuträglich, da er zum Verlust von Laserlicht führt. Bei der stimulierten Emission dagegen werden aus einem eingestrahlten Lichtquant zwei abgestrahlte Lichtquanten. Genau dieser Prozess wird in einem Laser ausgenutzt, um Lichtverstärkung zu erreichen.

Es zeigt sich, dass eine solche Lichtverstärkung nicht möglich ist, wenn nur zwei atomare Energiezustände beteiligt sind. Die Wahrscheinlichkeit, dass ein Lichtteilchen aus der Pumpquelle ein Atom durch Absorption anregt, ist nämlich genauso hoch wie die Wahrscheinlichkeit, dass es eine stimulierte Emission auslöst. Um Lichtverstärkung zu erreichen, braucht man aber eine Besetzungsinversion, das heißt, es müssen sich *mehr* Atome im angeregten Zustand befinden als im Grundzustand. Man benötigt daher mindestens drei Energiezustände, um einen Laser zu realisieren. In diesem Fall werden die Atome kontinuierlich in den zweiten angeregten Zustand gepumpt, von dem aus sie schnell in den ersten angeregten Zustand übergehen. Hierbei kann eine Besetzungsinversion entstehen und Lichtverstärkung erfolgen.

Dadurch, dass sich das aktive Medium zwischen zwei Spiegeln befindet, wird das abgestrahlte Laserlicht immer wieder durch das aktive Medium geschickt, und die Lichtverstärkung wiederholt sich kontinuierlich, wobei die Laserstrahlung im Resonator immer weiter anwächst. Einer der beiden Spiegel ist teildurchlässig und erlaubt die Auskopplung des Laserlichts. Diese Verluste müssen natürlich durch die Lichtverstärkung innerhalb des Resonators ausgeglichen werden.

Der Resonator dient jedoch nicht nur zur Verstärkung, sondern auch dazu, das Lichtfeld, welches ja das aktive Medium zur stimulierten Emission anregt, genau zu definieren. Ähnlich wie bei der Saite in Abbildung 6 wird durch die Randbedingungen, die dem Lichtfeld durch die Spiegel gegeben sind, ein Feldzustand mit einer bestimmten Grundwellenlänge ausgewählt, der auch Feldmode genannt wird. Diese entspricht gerade der doppelten Resonatorlänge. Auch die Polarisation, Phase und Ausbreitungsrichtung entlang der Resonatorachse werden durch die Spiegel festgelegt, die das Lichtfeld den stimuliert emittierten Photonen überträgt.

Neben der gerade beschriebenen Feldmode gibt es weitere Moden, deren Wellenlänge ein ganzzahliges Vielfaches der Grundwellenlänge beträgt. Die Laseremission durch das aktive Medium findet aber nur in die Feldmoden statt, für die die Lichtverstärkung durch die Atome größer ist als die Verluste durch die Lichtauskopplung. Die meisten Laser haben also mehrere Moden, auf denen sie emittieren können, häufig aber vor allem eine optimale Mode.

Was macht den Laser nun zu einer solch ungewöhnlichen Lichtquelle? Zunächst einmal ist die Laserfrequenz sehr genau definiert, und Laser sind daher sehr schmalbandige Lichtquellen. Dies ist eine Folge der langen Aufenthaltsdauer des Laserlichts im Resonator. Die Schmalbandigkeit macht man sich vor allem bei Hochpräzisionsmessungen, zum Beispiel in der Atomuhr, zunutze. Außerdem sind Laser sehr kohärente Lichtquellen. Das bedeutet, dass als Folge der stimulierten Emission alle emittierten Wellenzüge in Phase und nicht zeitlich gegeneinander versetzt loslaufen. Das Laserlicht kann diese Kohärenz über weite Strecken beibehalten, was es besonders tauglich für Interferenzexperimente macht.

27. Kann man mit einem Springbrunnen Zeit messen? Moderne Uhren machen sich das Prinzip zunutze, dass eine Zeitmessung nichts anderes ist als das Messen einer Frequenz. Eine richtig gehende Uhr tickt einmal pro Sekunde: Sie läuft mit einer Frequenz von einem Hertz. Der Arm einer Pendeluhr pendelt in einer Sekunde genau einmal von links nach rechts und wieder zurück an seinen Ausgangsort. Nach 60 kompletten Pendelbewegungen ist eine Minute vergangen. Hierbei ist entscheidend, dass die Frequenz der Uhr wirklich ein Hertz beträgt. Je akkurater die Frequenz ist und je sorgfältiger man die Pendelschläge zählt, umso genauer kennt man die verstrichene Zeit.

Die präzisesten Uhren, die heute ticken, sind Atomuhren. In ihnen misst man mit großer Genauigkeit die Übergangsfrequenz zwischen zwei bestimmten Energiezuständen eines Atoms, mit deren Hilfe sich Atome in Frage 19 ausgewiesen hatten. Die ersten Atomuhren wurden bereits Mitte der 1950er Jahre entwickelt, und sie ermöglichen seitdem hochpräzise Zeitmessungen. Seit 1967 ist die Sekunde über eine Übergangsfrequenz im Cäsiumatom definiert. Diese Frequenz liegt im Mikrowellenbereich und beträgt 9 192 631 770 Hertz. Mit Hilfe eines Mikrowellenfeldes kann das Cäsiumatom in eine Art Pendelbewegung zwischen dem Grundzustand und dem angeregten Zustand versetzt werden. Eine Sekunde dauert dann genau 9 192 631 770 «Pendelbewegungen» des Atoms.

In einer Atomuhr wird nun diese Übergangsfrequenz so genau wie möglich gemessen. Dazu werden Cäsiumatome durch einen Mikrowellenresonator geschickt, in dem sie mit Mikrowellen der richtigen Frequenz bestrahlt werden. Vorher hat man bereits die Cäsiumatome ausgewählt, die sich im gewünschten Energiezustand, der den Grundzustand darstellt, befinden. Diese Atome werden nun von den Mikrowellen zu Übergängen in den höheren Energiezustand angeregt. Dort verweilen sie eine gewisse Zeit und kehren dann unter Aussendung von Mikrowellenstrahlung wieder in den Grundzustand zurück. Im Spektrum der Mikrowellen findet man nun eine entsprechende Resonanzlinie bei der Übergangsfrequenz. Je schmaler die Linie ist, umso genauer kennt man die Frequenz.

Es zeigt sich, dass die Resonanzlinie umso schmaler wird, je länger die Atome im Resonator verweilen. Der Amerikaner Norman Ramsey hat eine Methode erfunden, bei der man die Atome nacheinander durch zwei Resonatoren schickt. Dann ist die Flugzeit der Atome

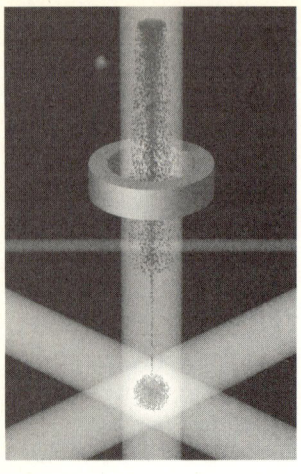

Abb. 17: In den gekreuzten Laserstrahlen unten im Bild befindet sich ein kaltes Atomgas, aus dem Atome in einer Fontäne nach oben geschickt werden. Die Wechselwirkung mit einem Mikrowellenfeld beim zweimaligen Durchlauf durch den Resonator und die anschließende Messung des Atomzustands mit einem Laserstrahl erlaubt den Abgleich der Mikrowellenfrequenz mit der atomaren Übergangsfrequenz.

zwischen den beiden Resonatoren die ausschlaggebende Größe. Ramsey erhielt für seine Entdeckung 1989 den Physik-Nobelpreis. Aber selbst diese Methode kann man noch optimieren, indem man sich eine Erfindung des Amerikaners Jerrold Zacharias aus dem Jahr 1954 zunutze macht, und zwar den atomaren Springbrunnen. Er ist schematisch in Abbildung 17 dargestellt. Hierfür stellt man zunächst eine Wolke von kalten Atomen in einer Atomfalle her.

Die Atomwolke wird nun mit Hilfe eines Lasers ähnlich wie ein Tennisball in die Höhe geworfen. Sie fliegt dabei durch den ringförmigen Mikrowellenresonator und setzt ihren Weg fort, bis sie von der Schwerkraft bis zum Stillstand abgebremst wird. An diesem Punkt dreht sie ihre Bewegung um und fällt zurück, wobei sie den Resonator ein zweites Mal durchquert. Da die Atome kalt sind, haben sie sowieso schon eine geringe Geschwindigkeit. Die Geschwindigkeit, die ihnen vom Laserstrahl beim Hochwerfen mitgegeben wird, verlieren sie unter Einwirkung der Schwerkraft. Die Flugzeit der Atomwolke zwischen den beiden Resonatordurchgängen ist also sehr lang. Die Resonanzlinie des atomaren Übergangs wird extrem schmal und ermöglicht unglaublich präzise Messungen der Sekunde. Die besten Atomuhren heute sind deutlich genauer, als wir es im täglichen Leben brauchen: Sie gehen in 60 Millionen Jahren höchstens eine Sekunde falsch!

28. Warum sind manche Teilchen geselliger als andere? In der Quantenmechanik sind gleichartige Teilchen prinzipiell *nicht* unterscheidbar. Dies hatte bereits Max Planck zur Erklärung der Schwarzkörperstrahlung benutzt↑[12]. Andererseits liegt hier ein krasser Widerspruch zu unserer Alltagserfahrung vor, nach der wir sehr wohl nicht nur zwei verschiedenfarbige Tischtennisbälle voneinander unterscheiden können, sondern auch völlig identische Bälle gut auseinanderhalten, indem wir ihre Bewegung durch aufmerksames Hinsehen verfolgen.

In der Quantenmechanik gibt es das Konzept von Teilchenbahnen aufgrund der heisenbergschen Unschärferelation nicht mehr, was dazu führt, dass gleichartige Teilchen prinzipiell nicht voneinander unterschieden werden können. Diese Tatsache ist eng mit dem quantenmechanischen Welle-Teilchen-Dualismus verknüpft. Danach kann man jedem Teilchen eine Wellenlänge, die sogenannte de-Broglie-Wellenlänge, zuordnen. Je schneller und schwerer ein Teilchen ist, desto kleiner ist diese Wellenlänge. Nun ist in einem Gas ein Teilchen umso schneller, je heißer das Gas ist. Kühlt man andererseits das Gas ab, so wird das Teilchen immer langsamer, und seine de-Broglie-Wellenlänge wird immer größer. Unterhalb einer bestimmten Temperatur wird sie insbesondere größer als der Teilchenabstand im Gas. Dann verlieren die einzelnen Teilchen ihre Unterscheidbarkeit, und sie müssen quantenmechanisch beschrieben werden. In diesem Niedertemperaturbereich spricht man auch von Quantengasen. Ihr Verhalten ist drastisch anders als das von klassischen Gasen. Ein Beispiel hierfür liefert die Bose-Einstein-Kondensation, die in der nächsten Frage behandelt wird. Bei hinreichend tiefen Temperaturen kommt also die Quantennatur der Teilchen zum Vorschein.

Man findet zwei Klassen von Teilchen, Fermionen und Bosonen, die verschiedenen Regeln für die Besetzung von Quantenzuständen gehorchen. Diese sind nach Enrico Fermi beziehungsweise Satyendra Nath Bose benannt, die die beiden Teilchenarten eingeführt haben. Das Suffix «on» kennzeichnet das Teilchen. Man könnte also auch Fermi- und Bose-Teilchen sagen.

Fermionen unterliegen dem Pauli-Prinzip, welches verbietet, dass ein Quantenzustand von mehr als einem Teilchen besetzt wird. Elektronen sind prominente Vertreter der Fermionen. Enthält ein System viele Teilchen, so besitzt dieses die niedrigste Energie, wenn die Fermionen die Quantenzustände sukzessive mit zunehmender Energie besetzen. Diese Eigenschaft spielt eine wesentliche Rolle zum Beispiel für das Periodensystem der chemischen Elemente sowie in der Festkörperphysik, wie wir in Frage 38 sehen werden.

Ganz anders verhalten sich die Bosonen. Diese müssen nicht dem Pauli-Prinzip gehorchen und dürfen sich daher alle in demselben Zustand befinden. Ein Bose-Gas hat somit die niedrigste Energie, wenn sich alle Teilchen im Grundzustand befinden. Bosonen tun sich also zusammen, Fermionen nicht. Alle Elementarteilchen und chemischen Elemente sind entweder Fermionen oder Bosonen.

Aber es gibt noch andere, viel exotischere Objekte, die sogenannten Anyonen. Sie sind weder Fermionen noch Bosonen und können nur in zwei Raumdimensionen leben. Ihr Name kommt vom englischen Wort «any», irgendein. Mit dem Suffix «on» handelt es sich also eigentlich um «irgendein Teilchen». Wie findet man sie aber, da der uns umgebende Raum doch immer drei Dimensionen hat? Anyonen sind keine materiellen Teilchen, sondern Anregungen, die man sich ähnlich wie Wasserwirbel vorstellen kann. Sie treten in Systemen auf, die zwar dreidimensional, in einer Richtung aber extrem dünn sind, so dass sie sich effektiv zweidimensional verhalten. Ein Beispiel werden wir in Frage 47 kennen lernen.

29. Was ist die Bose-Einstein-Kondensation?
Wir alle kennen Kondensationsphänomene aus dem Alltag, zum Beispiel den tropfenden Spiegel nach der heißen Dusche oder die beschlagenen Autoscheiben im Winter. Der heiße Wasserdampf beziehungsweise der warme Atem schlägt sich hier an kälteren Oberflächen nieder und wird flüssig.

Die Bose-Einstein-Kondensation ist im Wesentlichen nichts anderes, nur dass bei ihr Bosonen kondensieren. Tatsächlich ist der Bosonencharakter der Teilchen eine Grundvoraussetzung für dieses Phänomen. Senkt man zum Beispiel die Temperatur eines Gases von Rubidiumatomen, so nimmt auch die Energie der Atome immer weiter ab. Vereinfacht gesagt wird ihre de-Broglie-Wellenlänge immer größer, ihre Wellenfunktionen↑[18] überlagern sich immer mehr, und die Teilchen werden ununterscheidbar. Irgendwann wird eine so niedrige Temperatur erreicht, dass die Atome nicht mehr genügend Energie haben, sich in angeregten Zuständen aufzuhalten. Dann kondensieren sie in großen Mengen in den Grundzustand, der die niedrigste Energie besitzt, und bilden ein Bose-Einstein-Kondensat.

Da die Wellenfunktionen aller Bosonen dort vollständig ineinander übergehen, verlieren diese ihren individuellen Sinn. Sie werden nun durch eine einzige Wellenfunktion dargestellt, die des Bose-Einstein-Kondensats.

Dieses fundamentale Phänomen wurde 1925 von Einstein, inspiriert durch die Einführung der Bosonen durch Satyendra Nath Bose, vorhergesagt. Erst 70 Jahre später gelang den Gruppen von Eric Cornell und Carl Wiemann sowie von Wolfgang Ketterle der experimentelle Nachweis an schwach wechselwirkenden Natrium- bzw. Rubidiumgasen. Dabei wird ein Atomgas aus Bosonen gekühlt und in einer Falle eingesperrt, wie es in Frage 25 erläutert ist. Die Atomwolke wird dann weiter gekühlt und bei verschiedenen, immer niedrigeren Temperaturen aus der Falle entlassen. Nimmt man nach einer gewissen Zeit ein Bild der Atomwolke auf, kann man entscheiden, ob sich ein Kondensat gebildet hat. Ist die Temperatur noch zu hoch, so läuft die Atomwolke auseinander, sie verhält sich wie ein normales Gas. Dann senkt man die Temperatur, indem man aus der Atomfalle immer wieder die heißesten Atome entfernt, ähnlich wie eine Tasse heißer Kaffee allmählich abkühlt, weil die heißesten Atome an der Oberfläche verdampfen und so den Kaffee verlassen. Um die Bose-Einstein-Kondensation zu sehen, muss man die Temperatur bis auf Bruchteile von Millionstel Kelvin absenken. Dann bildet sich innerhalb der Atomwolke ein dichter Kern von sehr langsamen Atomen heraus, das Bose-Einstein-Kondensat.

Mit der Bose-Einstein-Kondensation sind faszinierende Phänomene, wie die Supraleitung und die Suprafluidität, verwandt, die wir in den Fragen 41 und 43 kennenlernen werden.

30. Lebt Schrödingers Katze?   Eine der berühmtesten Katzen ist lediglich ein Gedankenkonstrukt von Erwin Schrödinger. Die Schrödingerkatze soll sich in einem abgeschlossenen Raum zusammen mit einem instabilen Atomkern und einem Geigerzähler befinden. Wenn der Kern zerfällt, sendet er radioaktive Strahlung aus, die vom Geigerzähler nachgewiesen wird. Misst der Geigerzähler ein Signal, so wird ein für die Katze tödliches Gift freigesetzt.

Nun wissen wir nicht, wann der Atomkern zerfällt. Tatsächlich befindet sich der Kern in einer Überlagerung der Zustände «nicht zerfallen» und «zerfallen». Die Katze ist zu Beginn im Zustand «lebendig», aber im Laufe der Zeit, wenn sich die Wahrscheinlichkeit erhöht, dass der Kernzerfall stattgefunden hat, wird auch die Katze in eine Überlagerung aus zwei Zuständen «lebendig» und «tot» übergehen. In diesem Sinne kann Schrödingers Katze in der Quantenmechanik gleichzeitig lebendig und tot sein, wohingegen sie in der klassischen Physik immer entweder lebendig oder tot ist.

Auch wenn es paradox klingen mag, beschreibt die Überlagerung «lebendig» und «tot» die Tatsache, dass es uns unmöglich ist zu wissen, wie es der Katze geht, solange wir nicht in den Raum gehen, in dem sie eingesperrt ist. Erst wenn wir nachschauen, was die Katze macht, stellen wir fest, dass sie – ganz im Einklang mit der klassischen Physik – entweder lebendig oder tot ist. Allerdings wissen wir aus Frage 18, dass unsere Beobachtung eventuell den Zustand der Katze verändert hat. Haben wir also die tote Katze auf dem Gewissen oder war die Katze schon vor unserer Beobachtung tot?

Die Merkwürdigkeit einer zugleich lebendigen und toten Katze wird durch die Theorie der Dekohärenz aufgelöst. Danach können Überlagerungen zweier Zustände nicht lange bestehen bleiben, da das Objekt (die Katze oder der Atomkern) in ständigem Austausch mit seiner Umgebung steht. In diesem Fall nimmt die äußere Umgebung die Beobachterrolle ein und führt dazu, dass sich die Überlagerung auf den einen oder anderen Zustand reduziert. Überlagerungen von Zuständen sind umso kurzlebiger, je größer das betreffende Objekt ist. Das erklärt sofort, warum Überlagerungen verschiedener Zustände bei Atomen relevant sein können. Selbst bei recht großen Molekülen, wie den in Frage 16 erwähnten Fullerenen im Doppelspalt, ist noch eine Überlagerung beobachtbar. Eine Katze wird aber nie in die Verlegenheit kommen, gleichzeitig lebendig und tot zu sein.

31. Warum leben wir nicht in einer Quantenwelt? Die Quanteneffekte, von denen in einigen der vorhergehenden Fragen die Rede war, würden uns wahrscheinlich bei weitem nicht so seltsam vorkommen, wenn wir in einer Quantenwelt leben würden. Warum kommen wir im Alltag mit den Gesetzen der klassischen Physik meistens gut zurecht, obwohl die Quantenphysik fundamentaler ist als die klassische Physik?

Nachdem der Ursprung vieler überraschender Quanteneffekte im Welle-Teilchen-Dualismus liegt, fragen wir uns zunächst, warum uns die damit verbundenen Wellenphänomene im Alltag verborgen bleiben. Warum können wir nicht, ähnlich wie die Welle in Abbildung 9, gleichzeitig durch zwei Türen gehen?

Damit Welleneffekte wie Beugung oder Interferenz deutlich werden, muss die Wellenlänge mindestens ähnlich groß sein wie die Dimensionen des Hindernisses, also die Breite der Spalte oder deren Abstand. Bei Funkwellen im Mittelwellen- oder Langwellenbereich haben wir es mit Wellenlängen zwischen hundert Metern und zehn Kilometern zu tun. Hier lässt sich Interferenz leicht beobachten. Bei Licht dagegen muss man Strukturen im Mikrometerbereich verwenden. Aus diesem Grunde war man sich lange nicht darüber im Klaren, ob Licht Welleneigenschaften besitzt.

Bei einem Elektron kann die Wellennatur durchaus zum Tragen kommen. Allerdings spielt diese wiederum keine Rolle, wenn die Wellenlänge klein genug ist. Dies ist zum Beispiel in einer Fernsehröhre der Fall, in der sich die Elektronen wie Teilchen verhalten.

Wie ist es nun um die Wellenlänge eines Menschen bestellt? Um eine Wellenlänge von einem Meter zu erreichen, müsste man sich mit der absurd kleinen Geschwindigkeit von einem Zehntel eines Atomkerndurchmessers in einer Zeitspanne bewegen, die dem jetzigen Alter des Universums entspricht. Jede vernünftige Geschwindigkeit würde zu einer viel viel kleineren Wellenlänge führen, und das ist auch gut so, denn wer möchte sich schon mit Beugungseffekten wie in Abbildung 10 herumärgern, wenn er durch eine Tür geht?

Während eine etwas zu kleine Wellenlänge es eventuell nur etwas anspruchsvoller macht, Welleneigenschaften zu beobachten, gibt es einen Mechanismus, der Interferenz tatsächlich unterdrückt. Dies ist die bereits im Zusammenhang mit Schrödingers Katze angesprochene Dekohärenz.

Betrachten wir hierzu nochmals den Doppelspaltversuch. Interferenz wie in Abbildung 9 lässt sich beobachten, wenn unbekannt ist, welchen der beiden möglichen Wege das Quantenteilchen genommen hat. Steht das Teilchen jedoch in Wechselwirkung mit seiner Umgebung, so kann dort Information über den Weg des Teilchens, die sogenannte Welcher-Weg-Information, vorliegen. Dabei ist es unwichtig, ob wir diese Information kennen. Um die Interferenz zu unterdrücken, reicht es völlig aus, dass die Welcher-Weg-Information im Prinzip verfügbar ist. Die Unterdrückung der Interferenz ist dabei umso stärker, je genauer diese Information in der Umgebung vorhanden ist. In unserem Alltag sind Objekte im Allgemeinen so stark an ihre Umgebung gekoppelt, dass jede Fähigkeit zur Interferenz verloren geht. Denken Sie nur an die vielen Luftmoleküle, die ständig – und unbemerkt – von Ihnen in ihrer Bahn beeinflusst werden.

Diese Überlegungen zeigen, dass der Übergang von der Quantenwelt zur klassischen Welt nicht völlig abrupt passiert. Vielmehr gibt es einen Übergangsbereich, in dem ein System einigermaßen gut von seiner Umgebung isoliert ist und somit bis zu einem gewissen Grad Quanteneigenschaften zeigen kann.

Quanteninformation

32. Was hat es mit Bertlmanns Socken auf sich?

Die Möglichkeit, Zustände zu überlagern, stellt einen zentralen Aspekt der Quantentheorie dar und führt beispielsweise zu Interferenzphänomenen↑[16]. Das Quantensystem befindet sich dabei nicht in dem einen oder dem anderen Zustand, sondern vielmehr in zwei oder mehreren Zuständen zugleich. So lässt sich für das in Abbildung 9 gezeigte Wellenmuster hinter einem Doppelspalt nicht sagen, von welchem der beiden Spalte ein bestimmter Wellenberg herrührt.

Besonders interessant wird es, wenn man Überlagerungen von Zuständen mehrerer Teilchen zulässt. Betrachten wir zwei Teilchen, von denen sich jedes in einem von zwei Zuständen befinden kann, die wir der Anschaulichkeit halber als «schwarz» und «weiß» bezeichnen wollen. Dann ist es möglich, dass sich die beiden Teilchen in einer Überlagerung der Zustände «schwarz/weiß» und «weiß/schwarz» befinden. Misst man den Zustand eines Teilchens, so kann man als Ergebnis sowohl «schwarz» als auch «weiß» finden. In jedem Fall wird man beim anderen Teilchen den jeweils anderen Zustand finden, also «weiß» bzw. «schwarz».

Auf den ersten Blick mag es überraschen, dass dies auch funktioniert, wenn die beiden Teilchen bei der Messung weit voneinander entfernt sind. Wie sollte das zweite Teilchen wissen, zu welchem Ergebnis die Messung am ersten Teilchen geführt hat? Wie wir gleich noch genauer sehen werden, ist man heute praktisch sicher, dass sich hier die Nichtlokalität der Quantentheorie äußert. Diese erlaubt es, dass sich zwei, eventuell auch weit voneinander entfernte Teilchen in einem Zustand befinden können, in dem die Messung eines Teilchens beide Teilchen betrifft. Man spricht daher von einem «verschränkten Zustand».

Verschränkte Zustände stehen im eklatanten Gegensatz zur klassischen Vorstellung, dass sich jedes der beiden Teilchen in einem von dem anderen Teilchen unabhängigen Zustand befinden sollte. Gibt es vielleicht einen Ausweg aus dieser Situation? John Bell, der zu diesem Problem entscheidende Beiträge geliefert hat, erläuterte dies am Beispiel von Bertlmanns Socken. Bertlmann gehe, so Bell, immer mit verschiedenfarbigen Socken aus dem Haus. Solange man Bertlmann noch nicht gesehen hat, weiß man nicht, an welchem Fuß er heute die rosafarbige Socke trägt. Sobald Bertlmann jedoch mit dem linken Fuß voraus hinter einer Hauswand hervortritt, kennen wir die Farbe der linken Socke. Ist sie rosa, so ist die andere Socke nicht rosa und umgekehrt. Natürlich teilt hier nicht die eine Socke der anderen mit, dass wir sie gerade als rosa erkannt haben. Die beiden Socken hatten schon immer ihre Farbe, auch wenn wir sie nicht kannten. Könnte es also sein, dass der verschränkte Zustand, in dem sich die beiden Teilchen befinden sollen, in Wirklichkeit einfach einer der beiden Zustände «schwarz/weiß» oder «weiß/schwarz» ist, ohne dass wir wissen welcher?

Es wäre denkbar, dass es sogenannte «versteckte Variablen» gibt, die für die beiden Teilchen das Messergebnis festlegen. Nachdem wir keinen Zugriff auf diese versteckten Variablen haben, können wir nur durch eine Messung den Zustand der Teilchen in Erfahrung bringen, so, wie wir erst einen von Bertlmanns Socken sehen müssen, um deren Farben zu kennen. Interessanterweise konnte Bell eine Möglichkeit vorschlagen, wie man die Existenz von versteckten Variablen experimentell untersuchen kann. Alle Resultate sprechen dafür, dass es keine versteckten Variablen gibt, und dass man die Nichtlokalität der Quantentheorie akzeptieren muss.

Verschränkte Zustände sind heute nicht mehr nur eine Kuriosität, sondern werden als Ressource verstanden. Sie bilden die Basis der Quanteninformationsverarbeitung und erlauben zum Beispiel das sichere Verschlüsseln von Informationen oder die Teleportation von Quantenzuständen.

33. Kann man in der Quantentheorie klonen? Bei dem Begriff «Klonen» denkt man in erster Linie an Gentechnik, vielleicht an das Schaf Dolly oder an Stammzellen und die damit verbundene ethische Diskussion. In der Quantentheorie geht es jedoch nicht um das Klonen von Lebewesen, sondern von Quantenzuständen. Und statt der Frage, ob es erlaubt sei, in der Quantentheorie zu klonen, muss man sich vielmehr die Frage stellen, ob es überhaupt geht.

Was bedeutet nun Klonen in der Quantentheorie, und warum könnte es interessant sein, einen Quantenzustand zu klonen? Nehmen wir an, wir hätten ein System in einem quantenmechanischen Zustand vorliegen, den wir gerne bestimmen würden. Ein Beispiel könnte die Schrödingerkatze sein, die in einer Überlagerung der Zustände «tot» und «lebendig» vorliegen soll. Wir möchten nun die Details dieser Überlagerung in Erfahrung bringen und werfen einen Blick in den Raum, in dem die Katze eingesperrt ist. Wir werden feststellen, dass die Katze entweder tot oder lebendig ist. In jedem Fall hat diese Messung den Zustand der Katze verändert. Nachdem sie sich in einer Überlagerung zweier Zustände befand, liegt die Katze jetzt in einem der beiden Zustände vor. Damit ist die Chance vertan, mehr über den Zustand der Katze vor der Messung in Erfahrung zu bringen. Durch Klonen hätten wir identische Kopien des Quantenzustands der Katze herstellen und so an diesen Kopien verschiedene Messungen durchführen können, um mehr über den Zustand zu erfahren, als in einer einzigen Messung möglich gewesen wäre.

Wie steht es nun mit den Aussichten, einen Quantenzustand zu kopieren? Stellen wir uns vor, wir hätten ein Quantenpapier, das in den Zuständen «schwarz» und «weiß» oder in einer beliebigen Überlagerung dieser beiden Zustände vorliegen kann. Zudem haben wir eine Apparatur, die es uns erlaubt, die beiden Zustände «schwarz» und «weiß» perfekt auf ein anderes Quantenpapier zu kopieren. Was passiert aber, wenn das Original in einer Überlagerung der beiden Zustände vorliegt? Man findet eine Überlagerung von zwei weißen und zwei schwarzen Quantenpapieren. Es ist also keineswegs so, dass die beiden Quantenpapiere für sich jeweils in der gleichen Überlagerung von «schwarz» und «weiß» vorliegen, wie es eigentlich sein sollte. Klonen ist in der Quantentheorie grundsätzlich nicht möglich.

Wer die Erläuterungen zum Laser genau gelesen hat, wird an dieser Stelle vielleicht einwerfen, dass man mit Hilfe der stimulierten Emission Photonen klonen kann. Dieser Mechanismus ist ja ganz zentral für die Funktionsweise des Lasers. Allerdings gibt es auch die spontane Emission, die das perfekt erscheinende Verfahren zunichte macht.

Die Unmöglichkeit, in der Quantenmechanik zu klonen, ist ganz wesentlich, um das Abhören einer Datenübertragung in der Quantenkommunikation zu unterbinden. Wir werden uns in Frage 36 noch genauer mit diesem Thema beschäftigen. Bei der klassischen Kommunikation ist es kein Problem, einen kleinen Anteil des Signals abzuzweigen und somit die Verbindung abzuhören. Generationen von Spionen haben diese Technik verwendet. Ließen sich Quantenzustände klonen, so könnte sich der Spion eine Kopie der übertragenen Quanten anfertigen und infolgedessen mithören. Wie wir gesehen haben, ist dies jedoch unmöglich, zumindest sofern die Daten nicht redundant in mehreren Photonen übertragen werden. Jeder Abhörversuch ändert die übertragene Information, wie wir es zu Beginn am Beispiel der Messung an der Katze erläutert haben. Dies erlaubt es, den Spion zu enttarnen.

34. Wie funktioniert ein Quantencomputer?

Ein Quantensystem zum Bau eines Computers heranzuziehen kann sinnvoll sein, da es die Möglichkeit bietet, mehrere Zustände zu überlagern. Statt nur eine Eingabe zu bearbeiten, wie dies bei einem klassischen Computer der Fall ist, kann der Quantencomputer in dieser Überlagerung mehrere Eingaben parallel behandeln. Man spricht daher auch von «Quantenparallelismus».

Im einfachsten Fall besteht die Information in einem Digitalcomputer aus einem Bit, das die Werte «0» und «1» annehmen kann. Es gibt viele Möglichkeiten, diese beiden Zustände in Quantensystemen zu realisieren. So kann man einen Spin verwenden, der entweder nach oben oder nach unten zeigt, oder ein Atom, das sich in einem von zwei verschiedenen Zuständen befindet. Neben den beiden speziellen Zuständen «0» und «1» kann sich das Quantensystem aber eben auch in einer Überlagerung der beiden Zustände befinden. Man spricht dann auch von einem «Qubit» als Abkürzung für ein Quantenbit. Mit diesem lassen sich nun zwei Rechnungen parallel durchführen, und zwar gleichzeitig für die Eingabe «0» und die Eingabe «1». Heutige Prozessoren arbeiten häufig mit 32 Bits. Ein Quantencomputer mit 32 Qubits könnte statt einer Eingabe parallel 2^{32}, also mehr als 4 Milliarden Eingaben bearbeiten. Leider ist es bis heute noch nicht gelungen, einen solchen Quantencomputer zu realisieren.

Das klingt einerseits sehr vielversprechend, andererseits gibt es aber auch Probleme, die es zu lösen gilt. Zunächst einmal nützt der Quantenparallelismus nichts, wenn man nicht den Algorithmus, also die Rechenvorschrift, geschickt wählt. Am Ende muss nämlich das Ergebnis der Rechnung mit Hilfe einer quantenmechanischen Messung aus dem Computer ausgelesen werden. Dabei findet man eines der vielen möglichen Ergebnisse, aber eben nicht alle gleichzeitig. Für gewisse Aufgabenstellungen lässt sich diese Schwierigkeit jedoch vermeiden, und es stehen damit effiziente Algorithmen für den Einsatz auf Quantencomputern zur Verfügung.

Ein zweites Problem besteht darin, dass ein Quantencomputer auf der Überlagerung von Quantenzuständen basiert und eine solche Überlagerung im Allgemeinen nicht sonderlich stabil ist. Wir haben es mit einer Situation zu tun, die an die Schrödingerkatze mit ihrer Überlagerung der Zustände «tot» und «lebendig» erinnert. Während eine reale Katze praktisch nicht in einer Überlagerung zweier Zustände existieren kann, ist die Lage bei einem Qubit nicht ganz so aussichtslos. Es erfordert allerdings einigen Aufwand, um ein Qubit bis zum Ende der Rechnung in einer Überlagerung zu halten, also die in Frage 31 angesprochene Dekohärenz hinreichend zu unterdrücken.

Eine Aufgabe, die sich mit einem Quantencomputer viel effizienter als mit einem klassischen Computer lösen lässt, ist die Faktorisierung von Zahlen. Versuchen Sie einmal, die Zahl 7261 von Hand in Primfaktoren zu zerlegen. Ein Computer kann das natürlich schneller, aber der Aufwand hierfür steigt mit zunehmender Größe der Zahl exponentiell an. Wenn sich eine sehr große Zahl mit einem modernen Computer gerade noch faktorisieren lässt, so genügt es, die Zahl etwas größer zu wählen, um die Faktorisierung selbst mit leistungsfähigeren Computern praktisch unmöglich zu machen. Bei einem Quantencomputer bleibt die Aufgabe wegen des Quantenparallelismus mit etwas mehr Aufwand immer noch lösbar.

Warum sollte es aber interessant sein, große Zahlen zu faktorisieren? Heutige Verschlüsselungsverfahren, die in Zeiten des Internets und des elektronischen Handels eine enorme Bedeutung besitzen, beruhen gerade auf der Tatsache, dass große Zahlen praktisch nicht faktorisierbar sind. Die Realisierung eines Quantencomputers mit einer ausreichenden Anzahl von Qubits würde diesen Verfahren sofort die Basis entziehen. Bis jetzt besteht allerdings kein Grund zur Beunruhigung, da der Rekord bei der Zahl 15 liegt, die mit Hilfe von 7 Qubits faktorisiert wurde. Dagegen stellt die Quantentheorie interessanterweise bereits alternative Verschlüsselungsmethoden zur Verfügung, wie wir in der übernächsten Frage sehen werden.

35. Kann man Quanten beamen? Um es gleich vorwegzunehmen: Das Beamen von intergalaktischen Raumfahrern ist nach wie vor Science-Fiction. Selbst Elementarteilchen kann man nicht nach Belieben an einem Ort vernichten, um sie an einem fernen Ort wieder erscheinen zu lassen. Was wird also bei der Quantenteleportation in die Ferne gebracht? Es ist Information, genauer: die Information über einen Quantenzustand. Dies könnte zum Beispiel von Nutzen sein, wenn man eines Tages Kommunikation mit Hilfe von Quanteninformation bewerkstelligen möchte. Es hat sich in diesem Zusammenhang eingebürgert, die dabei beteiligten Personen Alice und Bob zu nennen.

Nehmen wir an, dass Alice ein Teilchen besitzt, dessen Quantenzustand sie nicht kennt. Sie möchte nun Bob die vollständige Information über den Zustand des Teilchens zukommen lassen, ohne das Teilchen selbst weiterzugeben. Einen völlig unbekannten Zustand kann Alice jedoch nicht durch eine Messung bestimmen. Tatsächlich kann die Teleportation nur dann erfolgreich sein, wenn Alice zu keinem Zeitpunkt etwas über den Quantenzustand weiß. Dies ist etwa so wie bei einer geheimen Botschaft in einem Briefumschlag, die sich vernichtet, sobald der Umschlag geöffnet wird.

Da Alice die Information über den Quantenzustand nicht über einen klassischen Kommunikationskanal, zum Beispiel telefonisch, an Bob weitergeben kann, benötigen die beiden auf jeden Fall einen Quantenkommunikationskanal. Sie verwenden dazu zwei Teilchen, die sich in einem verschränkten Zustand befinden und die auf Alice und Bob verteilt werden. Wenn Alice mit ihrem Teilchen Quantenoperationen ausführt, wirkt sich dies auch auf das Teilchen von Bob aus.

Alice hat nun also zwei Teilchen, eines in einem unbekannten Zustand, der teleportiert werden soll, und ein Teilchen, das sich in einem verschränkten Zustand mit Bobs Teilchen befindet. Zur Durchführung der Teleportation verfolgen Alice und Bob ein Protokoll, das in

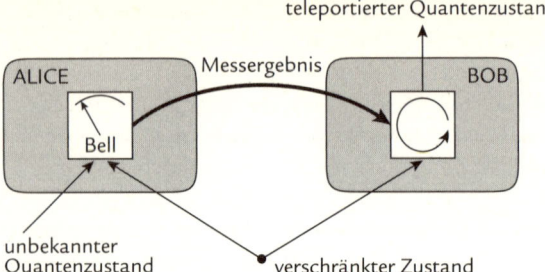

Abb. 18: Mit Hilfe von zwei Teilchen in einem verschränkten Zustand kann Alice einen unbekannten Quantenzustand an Bob weitergeben.

Abbildung 18 schematisch dargestellt ist. Zunächst führt Alice an ihren beiden Teilchen eine Messung durch. Wie schon erwähnt, darf sie selbst dabei keinerlei Information über das unbekannte Teilchen erhalten. Daher führt sie eine sogenannte Bell-Messung durch, die nach John Bell benannt ist, der uns schon in Frage 32 begegnete. Dabei wird gefragt, ob sich das Teilchenpaar in einem von vier verschränkten Zuständen befindet. In der Bezeichnung von Frage 32 sind dies zwei Überlagerungen von «schwarz/weiß» und «weiß/schwarz» sowie zwei Überlagerungen von «schwarz/schwarz» und «weiß/weiß».

Die Bell-Messung hat zwei Konsequenzen: Zum einen erhält Alice eines von vier möglichen Messergebnissen. Jedes Ergebnis tritt mit der gleichen Wahrscheinlichkeit auf, ist also völlig unabhängig von dem unbekannten Quantenzustand. Zum anderen wird dabei Bobs Teilchen in einen Zustand gebracht, der direkt mit dem zu teleportierenden Zustand zusammenhängt. Hierfür ist entscheidend, dass sich Alice und Bob zu Beginn ein Teilchenpaar in einem verschränkten Zustand teilten.

Um die Teleportation abzuschließen, teilt Alice Bob ihr Messergebnis mit. Dieses erlaubt es Bob, sein Teilchen in den richtigen Zustand zu bringen. Während des gesamten Vorgangs haben weder Alice noch Bob etwas über den teleportierten Zustand in Erfahrung gebracht. Dennoch ist jetzt Bob im Besitz eines Teilchens, das sich in genau dem Quantenzustand befindet, in dem das Teilchen von Alice zu Beginn war.

36. Wie kann man mit Quanten ein Geheimnis bewahren? Alice und Bob wollen sich geheime Botschaften senden, von denen niemand anderes erfahren darf. Nach der Lektüre von Frage 34 halten sie die üblichen Verschlüsselungsverfahren aber für zu unsicher. Vielleicht besitzt ja doch jemand einen Quantencomputer und kann ihre Botschaften entschlüsseln. Kann die Quantentheorie auch helfen, eine Nachricht in sicherer Weise zu verschlüsseln?

Wir betrachten das Problem in zwei Stufen. Zunächst sehen wir uns ein Verschlüsselungsverfahren an, das darauf beruht, dass Alice und Bob einen geheimen Zufallsschlüssel ausgetauscht haben. Anschließend werden wir uns überlegen, wie die Quantentheorie es ermöglicht, einen sicheren Schlüsselaustausch durchzuführen.

In der Abbildung 19 ist an einem Beispiel gezeigt, wie das Verschlüsselungsverfahren funktioniert, wenn Alice und Bob im Besitz des gleichen, hier grau unterlegten Schlüssels sind. Zunächst übersetzt Alice (oder vielleicht eher ihr Computer) die Nachricht in Bits, also eine Folge von Nullen und Einsen. Dieses Übersetzungsverfahren wird von praktisch allen Computern verwendet, und auch wenn sich die Bitsequenz nicht so leicht lesen lässt, hat hier noch keine Verschlüsselung stattgefunden. Dies geschieht im nächsten Schritt, in dem der Schlüssel zum Einsatz kommt. Aus jedem Bit der Nachricht und dem darunter stehenden Bit des Schlüssels entsteht ein Bit der kodierten Nachricht. Dabei kommt eine Operation namens «exklusives Oder» zum Einsatz. Sind die beiden Ausgangsbits gleich, wie zum Beispiel die beiden Nullen in der ersten Spalte oder die beiden Einsen in der fünften Spalte, so ergibt sich eine Null. Sind die beiden Ausgangsbits ungleich, wie dies in der zweiten und der vierten Spalte der Fall ist, so ergibt sich eine Eins. Wenn die Bitfolge im Schlüssel vollkommen zufällig gewählt war, dann ist jetzt eine vollkommen zufällige kodierte Nachricht entstanden, aus der sich nichts herauslesen lässt, wenn man nicht den Schlüssel zur Verfügung hat.

Bob hat diesen Schlüssel und führt jetzt auch ein «exklusives Oder» mit den Bits der kodierten Nachricht und dem Schlüssel durch. Wie die Abbildung 19 zeigt, wird dadurch genau die Bitfolge erzeugt, die Alice verschlüsselt hatte. Bob hat somit die kodierte Nachricht erfolgreich entschlüsselt.

Man kann beweisen, dass dieses Verfahren sicher ist, wenn der Schlüssel wirklich geheim ist und nur einmal verwendet wird. Vor jeder Übertragung einer Nachricht müssen sich Alice und Bob also

	H		a		l		l		o

Alice 0100100001100001011011000110110001101111
Schlüssel 0001111100101010011101100001100010111000
kodierte Nachricht 0101011101001011000110100111010011010111
Schlüssel 0001111100101010011101100001100010111000
Bob 0100100001100001011011000110110001101111

H a l l o

Abb. 19: Mit Hilfe des grau unterlegten Schlüssels kann eine Nachricht sicher verschlüsselt und anschließend wieder entschlüsselt werden.

auf einen Schlüssel einigen, der mindestens so lang wie die Nachricht ist. Findet dieser Schlüsselaustausch auf einem klassischen Kommunikationsweg statt, zum Beispiel über eine Telefonleitung, so besteht die Gefahr, dass jemand mithört, den Schlüssel in Erfahrung bringt und somit die kodierte Nachricht entschlüsseln kann.

Hier kann nun die Quantentheorie helfen, wie wir an einem Beispiel, dem sogenannten BB84-Protokoll, zeigen wollen. Dieses Protokoll verdankt seinen Namen der Tatsache, dass es 1984 von Charles Bennett und Gilles Brassard veröffentlicht wurde.

Da sich Licht sehr gut eignet, um Informationen über größere Distanzen, zum Beispiel durch Glasfasern oder auch Luft, zu transportieren, sollen die Qubits durch Photonen repräsentiert werden. Alice beginnt die Schlüsselerzeugung, indem sie Photonen in bestimmten Zuständen präpariert. Dabei nutzt sie aus, dass Licht polarisiert werden kann. Das elektromagnetische Feld schwingt dann in einer bestimmten Ebene. Sie wählt nun zunächst zufällig eine von zwei Möglichkeiten aus, die links in der Abbildung 20 als 1 und 2 gekennzeichnet sind. Bei der ersten Möglichkeit werden die beiden Basiszustände, die in einem Qubit überlagert werden können, durch ein horizontal polarisiertes Photon und ein vertikal polarisiertes Photon dargestellt. Bei der zweiten Möglichkeit sind die möglichen Schwingungsebenen um 45 Grad verdreht. Anschließend wählt Alice, wiederum zufällig, eine der beiden möglichen Polarisationen aus und schickt das entsprechend präparierte Photon zu Bob. Die oberste Zeile in Abbildung 20 zeigt ein Beispiel für die von Alice erzeugten Photonen.

Wenn Bob ein Photon erhält, misst er dessen Polarisation und wählt hierfür ebenfalls eine der beiden Möglichkeiten 1 und 2, zum Beispiel so, wie es in der zweiten Zeile der Abbildung 20 gezeigt ist. Hat er die gleiche Wahl wie Alice getroffen, so findet er bei der Mes-

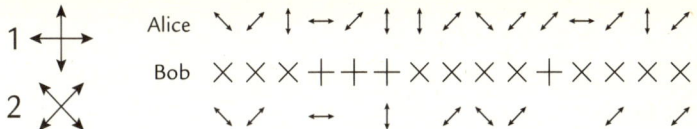

Abb. 20: Zur Festlegung eines gemeinsamen Schlüssels können die links gezeigten Polarisationspaare verwendet werden. Rechts ist ein Beispiel für den Ablauf eines BB84-Protokolls gezeigt.

sung die anfängliche Polarisation des Photons heraus. Für diesen Fall sind Bobs Messergebnisse in der dritten Zeile dargestellt. Wählt er jedoch die andere Möglichkeit, so bekommt er ein zufälliges Messergebnis und erfährt nichts darüber, in welchem Zustand Alice das Photon präpariert hat. Solche Ergebnisse sind für die Festlegung des Schlüssels wertlos, und sie sind daher in der dritten Zeile nicht aufgeführt.

Bob teilt nun Alice mit, welche der beiden Möglichkeiten er für die Messung gewählt hat, ohne das Messergebnis zu verraten. Mit dieser Information kann Alice Bob mitteilen, wann sie die gleiche Wahl getroffen haben. In diesen Fällen, für die in der dritten Zeile der Abbildung 20 Bobs Messergebnisse angegeben sind, kennen beide den Photonenzustand. Aus dieser Information können sie einen gemeinsamen Schlüssel bilden.

Nun soll die Leitung, über die die Photonen geschickt werden, von Eve abgehört werden. Diese hat ihren Namen vom englischen Wort «eavesdropper» für Abhörer. Wenn Eve ein Photon abfängt, so weiß sie nicht, welche der Möglichkeiten 1 und 2 Alice verwendet hat. Ihr bleibt nichts anderes übrig, als für ihre Messungen eine zufällige Wahl zu treffen. In der Hälfte der Fälle liegt sie richtig und kann durch eine Messung den Zustand des Photons in Erfahrung bringen, also erfolgreich abhören. Andernfalls hat sie jedoch Pech. Sie erhält nämlich nicht nur ein zufälliges Messergebnis, sondern verändert durch ihre Messung[18] den Zustand des Photons. Wenn Alice und Bob einige Photonen nicht für den Schlüssel verwenden, sondern Bobs Messergebnis mit der Präparation von Alice vergleichen, werden Sie daher Eves Abhörversuch feststellen und die Schlüsselerzeugung abbrechen. Die Tatsache, dass die Messung eines Quantensystems im Allgemeinen den Zustand des Systems ändert, kann also ausgenutzt werden, um einen Abhörer zu detektieren. Allerdings muss man bedenken, dass es sich nicht unbedingt um einen Abhörer mit bösen Absichten handeln muss. Wie bei der Schrödingerkatze kann es sein, dass die äußere Umgebung das Photon beeinflusst und damit ein Abhören nur vortäuscht.

Anwendungen in der Festkörperphysik

37. Wie binden sich Atome? Das kommt ganz darauf an. Es gibt verschiedene Bindungsarten, die allerdings nicht immer in Reinform vorliegen. Die stärksten Bindungen sind chemische Bindungen, bei denen man noch zwischen kovalenten Bindungen, Ionenbindungen und Metallbindungen unterscheiden kann.

Bei der kovalenten oder auch Elektronenpaarbindung entsteht ein Molekül. Wie der Name schon andeutet, teilen sich bei dieser die beiden Bindungspartner ein äußeres Elektronenpaar. Dieses Elektronenpaar bewegt sich dann auf einem gemeinsamen Molekülorbital und nicht mehr auf dem Elektronenorbital eines einzelnen Bindungspartners. Zum Beispiel können zwei Wasserstoffatome und ein Sauerstoffatom eine kovalente Bindung eingehen und ein Wassermolekül bilden.

Im Gegensatz zur kovalenten Bindung entsteht bei Ionen- und Metallbindungen eine Gitterstruktur. Bei Ionenbindungen wird nicht mehr geteilt: Hier gibt ein Partner sein Elektron an den anderen ab. Dadurch entstehen ein positiv und ein negativ geladenes Ion, die sich nun aufgrund ihrer entgegengesetzten Ladungen anziehen und ein Ionengitter bilden. Ein typisches Beispiel hierfür ist Kochsalz, welches aus positiv geladenen Natriumionen und negativ geladenen Chlorionen besteht. Dagegen geben bei Metallbindungen alle Bindungspartner äußere Elektronen ab, die ihrerseits ein sogenanntes Elektronengas bilden, welches die positiv geladenen Atomrümpfe zusammenhält. Die freie Beweglichkeit der Elektronen erklärt die gute Stromleitfähigkeit aller Metalle.

Moleküle werden nicht nur von kovalenten Bindungen zusammengehalten, die die Struktur der Elektronenorbitale verändern, sondern es existieren auch schwächere Bindungen. Besitzt zum Beispiel eines der Moleküle ein positiv geladenes Wasserstoffatom und ein anderes ein negativ geladenes Atom, so können sich die beiden wegen der Kleinheit des Wasserstoffatoms sehr stark annähern. Es entsteht eine sogenannte Wasserstoffbrücke, die zum Beispiel für den Zusammenhalt der Doppelhelixstruktur einer DNA von großer Bedeutung ist.

Schließlich gibt es noch die van-der-Waals-Bindung zwischen völlig neutralen Molekülen, zwischen denen es zu keiner dauerhaften Ladungsverschiebung kommt. Sie ist deutlich schwächer als die anderen Bindungsarten.

38. Wo liegt der Fermisee? Man findet ihn in keinem Atlas, sondern zum Beispiel in Festkörpern. Dort wird er von den Elektronen gebildet, die nicht fest an ein einzelnes Atom gebunden sind, sondern sich im Festkörper bewegen können. In der vorigen Frage hatten wir solche beweglichen Elektronen im Zusammenhang mit der metallischen Bindung kennengelernt.

Wir wollen nun diese Elektronen am Temperaturnullpunkt betrachten, wo sie Zustände mit möglichst niedriger Energie besetzen. Als Fermionen müssen sie jedoch auch das Pauli-Prinzip ↑[28] respektieren. Pro Zustand ist somit nur ein Elektron erlaubt. Wie in einem ansteigenden Theatersaal, in dem sich die besten Plätze unten nahe der Bühne befinden, belegen die Elektronen zunächst die unteren Plätze. Das sind die Elektronen, die sich nur sehr langsam bewegen und daher wenig Energie haben. Anschließend werden die Plätze in größerer Entfernung von der Bühne gefüllt. Für die Elektronen sind dies die Zustände höherer Energie. Bei der sogenannten Fermienergie sind schließlich alle Elektronen untergebracht. Der «Belegungsplan» ist in der Abbildung 21 links zu sehen. Im dunkelgrauen Bereich sind alle Zustände mit Elektronen besetzt. Da die Elektronen Fermionen sind, spricht man auch vom Fermisee. Der hellgraue Bereich enthält dagegen die Zustände höherer Energie, die unbesetzt bleiben.

Eine solche Situation tritt in Metallen auf. Durch das Anlegen einer Spannung kann man auf der einen Seite eines Metalldrahts Elektronen in Zustände oberhalb der Fermienergie bringen, während diese Zustände am anderen Ende des Drahts unbesetzt sind. Dadurch wird der Weg für die Elektronen frei. Sie können sich durch den Draht bewegen, es fließt ein elektrischer Strom.

Da wir aber wissen, dass es nicht nur Metalle, sondern auch Isolatoren gibt, kann das linke Bild in Abbildung 21 nicht immer richtig

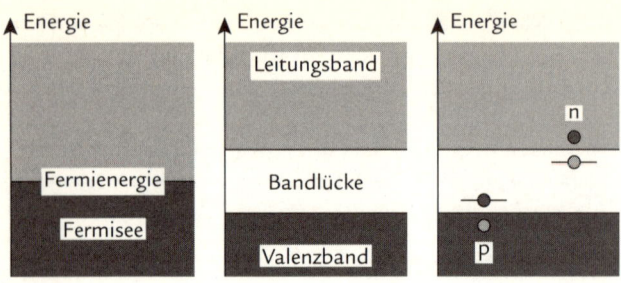

Abb. 21: In einem Metall (links) sind die Zustände bis zur Fermienergie besetzt. Darüber befinden sich unbesetzte Zustände. In einem Isolator (Mitte) sind diese beiden Bereiche durch eine Bandlücke getrennt, in der keine Zustände existieren. In einem Halbleiter (rechts) können Akzeptoren und Donoren bewegliche Ladungsträger im Valenz- bzw. Leitungsband zur Verfügung stellen.

sein. Wir müssen jetzt zusätzlich berücksichtigen, dass sich die Elektronen im Gitter der positiv geladenen Atomrümpfe nicht immer nahezu frei bewegen können. Vielmehr werden die Elektronen von den Gitteratomen in ihrer Bewegung gestört, ähnlich wie es uns ergeht, wenn wir versuchen, in einer Menschenmenge voranzukommen. Beim Elektron wirkt sich das erschwerte Vorankommen so aus, als wäre das Elektron schwerer. Man spricht von einer effektiven Masse.

Bei bestimmten Elektronenenergien kann es nun passieren, dass die Störung durch die Atome immer im gleichen ungünstigen Takt kommt und sich das Elektron überhaupt nicht mehr bewegen kann. Dadurch ergeben sich Energiebereiche, in denen keine Elektronenzustände existieren können. Dies ist im mittleren Bild der Abbildung 21 gezeigt. Die möglichen Zustände der Elektronen bilden nun Bänder, die durch eine sogenannte Bandlücke voneinander getrennt sind. Ein Strom kann dann nur fließen, wenn Elektronen von dem dunkelgrau dargestellten Valenzband in das hellgraue Leitungsband gebracht werden. Dazu ist allerdings eine große Spannung oder eine sehr hohe Temperatur erforderlich, um die nötige Energie zur Verfügung zu stellen.

Besonders interessant wird es, vor allem auch für die praktische Anwendung, wenn die Bandlücke sehr klein ist. Dann können Elektronen unter Umständen schon bei Raumtemperatur die Bandlücke überwinden, und es wird somit ein Stromfluss durch den Festkörper möglich. In diesem Fall liegt ein Halbleiter vor.

Die Zahl der Ladungsträger kann man durch eine geeignete Dotierung erhöhen. Das als Halbleiter gebräuchlichste Element, Silizium, stellt für die Bindung im Kristall vier Elektronen zur Verfügung. In einem dotierten Kristall sind nun einige Siliziumatome durch andere Atome ersetzt, zum Beispiel Arsen, das fünf Elektronen zur Verfügung hat, um chemische Bindungen einzugehen. Nachdem nur vier Elektronen für die Bindungen zu den Siliziumatomen benötigt werden, kann jedes Arsenatom ein frei bewegliches Elektron zur Verfügung stellen und somit die elektrische Leitfähigkeit des Halbleiters erhöhen. Dies ist in der Abbildung 21 rechts bei «n» dargestellt. Das Elektron ist zunächst beim Arsenatom lokalisiert, wo es einen Zustand besetzt, der durch den horizontalen Strich dargestellt ist. Wird genügend Energie zur Verfügung gestellt, so kann das Elektron in das Leitungsband gelangen und sich somit frei im Kristall bewegen. Da das Elektron negativ geladen ist, spricht man in diesem Fall von n-Dotierung. Das Fremdatom, in unserem Beispiel das Arsenatom, wird als Donor bezeichnet, da es ein Elektron hergibt.

Eine p-Dotierung liegt vor, wenn statt Silizium ein Atom eingebaut wird, das nur drei Elektronen zur Verfügung stellen kann, zum Beispiel Gallium. Steht die notwendige Energie zur Verfügung, so kann dieser sogenannte Akzeptor ein Elektron aus dem Valenzband annehmen, um die Bindungen zu den benachbarten Siliziumatomen zu vervollständigen. Zurück bleibt ein Loch im Valenzband, wie es in der Abbildung 21 rechts bei «p» in grau angedeutet ist. Nachdem ein Loch einem fehlenden Elektron entspricht, ist es positiv geladen. Füllt ein Elektron aus dem Valenzband das Loch auf, so entsteht an anderer Stelle ein Loch. Auch Löcher können sich somit bewegen und damit zur elektrischen Leitfähigkeit beitragen.

39. Wie funktioniert eine Leuchtdiode? In den letzten Jahren konnte die Effizienz von Leuchtdioden, also die Lichtausbeute bezogen auf die elektrische Leistung, erheblich gesteigert werden. Leuchtdioden, auch kurz LED für «light emitting diode» genannt, entwickeln sich somit zu einer Alternative zur Glühlampe. Doch wie wird in einer Leuchtdiode elektrische Energie in Licht umgewandelt?

Wie es der Name schon andeutet, müssen wir uns zunächst das Prinzip der Diode ansehen, eines elektrischen Bauelements, das den elektrischen Strom nur in einer Richtung durchlässt. Dioden bestehen aus Halbleitern, die in einem Bereich p-dotiert und im benachbarten Bereich n-dotiert sind. Von Interesse ist nun der Grenzbereich zwischen den beiden, der sogenannte p-n-Übergang.

In der Abbildung 22 ist links die Ausgangssituation dargestellt, bevor der p- und der n-dotierte Halbleiter in Kontakt gebracht werden. In der linken Hälfte, im p-dotierten Bereich, haben die Akzeptoren Elektronen aufgenommen, wodurch Löcher im Valenzband entstanden sind. Im rechten, n-dotierten Bereich haben die Donoren Elektronen an das Leitungsband abgegeben.

Stellt man nun einen Kontakt zwischen den beiden Bereichen her, können die Elektronen im Leitungsband in den p-dotierten Bereich vordringen, während sich die Löcher im Valenzband in den n-dotierten Bereich bewegen. Damit können Elektronen aus dem Leitungsband in das Valenzband übergehen und dort die Löcher füllen, ein Vorgang, der später noch von Bedeutung sein wird. Als Folge hiervon entsteht eine Grenzschicht, die in Abbildung 22 rechts mit «G» gekennzeichnet ist. In der Grenzschicht sind keine beweglichen Elektronen oder Löcher vorhanden. Im linken Teil der Grenzschicht bleiben die negativ geladenen Akzeptoren zurück und hindern die Elektronen daran, sich nach links zu bewegen. Ebenso hindern die positiv geladenen Donoren im rechten Teil die Löcher daran, weiter nach rechts vorzudringen. In der Grenzschicht hat sich ein elektrisches Feld aufgebaut, das sich auch in einer Verbiegung von Valenz- und Leitungsband äußert.

Wenn man die Diode an eine Spannungsquelle mit dem Minuspol auf der linken und dem Pluspol auf der rechten Seite anschließt, werden die Ladungen vom p-n-Übergang abgezogen, und es kann höchstens ein sehr kleiner Sperrstrom fließen. Anders stellt sich die Lage dar, wenn die Spannungsquelle andersherum angeschlossen wird. Ist die Spannung groß genug, so können Elektronen in den p-dotierten Bereich fließen, während Löcher in den n-dotierten Bereich gelangen. Damit können aber wiederum Elektronen im Leitungsband und Löcher im Valenzband am selben Ort vorhanden sein, wie es der Fall war, als wir den p- und den n-dotierten Bereich in Kontakt miteinander brachten. Wieder können Elektronen aus dem Leitungsband in das Valenzband übergehen und dort Löcher füllen. Dies wird nun

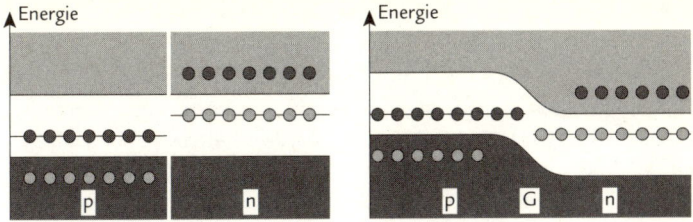

Abb. 22: In einer Leuchtdiode existiert zwischen einem p-dotierten und einem n-dotierten Halbleiter eine Grenzschicht. Legt man eine Spannung an, so können dort Elektronen und Löcher unter Lichtaussendung rekombinieren.

jedoch zu einem kontinuierlichen Vorgang, da die angelegte Spannung für einen Nachschub an Elektronen und Löchern sorgt.

Was passiert aber, wenn ein Elektron vom Leitungs- in das Valenzband übergeht? Im Leitungsband hatte es eine größere Energie als nachher im Valenzband. Es muss daher diese Energiedifferenz abgeben. Eine Möglichkeit hierfür ist die Abstrahlung eines Photons. Auf diese Weise kann am p-n-Übergang Licht erzeugt werden, das nach außen dringt, wenn die Entfernung zur Oberfläche der Leuchtdiode nicht zu groß ist.

Die Frequenz des abgestrahlten Photons ist durch die Energiedifferenz der Bandlücke bestimmt. Demnach strahlt eine Leuchtdiode Licht einer bestimmten Farbe aus, die vom verwendeten Halbleitermaterial abhängt. In den weißen Leuchtdioden, die inzwischen erhältlich sind, wird Licht verschiedener Farben gemischt, so dass der Eindruck weißen Lichts entsteht.

40. Wie erzeugt man aus Sonnenlicht Strom? Für die Stromerzeugung aus Licht kann man die Umkehrung des in der vorigen Frage besprochenen Prinzips der Leuchtdiode verwenden. Mit Hilfe der Energie des Sonnenlichts werden dabei Elektronen aus dem Valenzband in das Leitungsband eines Halbleiters angeregt. Um zu verhindern, dass das Elektron und das entstandene Loch sofort wieder rekombinieren, indem das Elektron zurück in das Valenzband fällt, müssen Elektronen und Löcher räumlich voneinander getrennt werden.

Dies gelingt an einem p-n-Übergang, da dort ein elektrisches Feld eingebaut ist, wie wir in der vorigen Frage gesehen haben. Dieses

Feld zwischen den negativ geladenen Akzeptoren und den positiv geladenen Donoren führt dazu, dass sich die durch Lichteinstrahlung erzeugten Elektronen und Löcher sofort in entgegengesetzter Richtung bewegen, und so eine Rekombination unterbunden wird. Damit haben wir im Prinzip eine Solarzelle erhalten, an der bei Lichteinfall eine Spannung erzeugt wird. Diese kann dazu verwendet werden, eine Batterie aufzuladen oder ein elektrisches Gerät zu betreiben.

41. Wie wird ein Material widerstandslos? Nachdem es dem Holländer Heike Kamerlingh Onnes im Jahr 1908 gelungen war, das Edelgas Helium zu verflüssigen, konnte er damit als erster andere Substanzen bis zu Temperaturen von etwa einem Grad über dem absoluten Nullpunkt ↑⁴ abkühlen. Dabei entdeckte er etwas Überraschendes: Bei etwa vier Kelvin verlor Quecksilber seinen elektrischen Widerstand – der erste Supraleiter war gefunden.

In einer supraleitenden Drahtschlaufe kann ein Strom über viele Jahre fließen, ohne dass hierzu eine Spannung nötig wäre. Dies zeigt eindrucksvoll die Abwesenheit des elektrischen Widerstands, der den Strom im Laufe der Zeit schwächen würde. Diese Eigenschaft hat interessante Anwendungen. So werden heute supraleitende Spulen zur Erzeugung sehr starker Magnetfelder hergestellt, die zum Beispiel in Kernspintomographen oder auch in den großen Elementarteilchenbeschleunigern zum Einsatz kommen.

Gerade im Hinblick auf die praktische Anwendung ist eine möglichst hohe kritische Temperatur, also die Temperatur, unterhalb der das Material supraleitend wird, von Interesse. Unter den chemischen Metallen hält Niob den Rekord mit gut neun Kelvin. In einer Verbindung mit Germanium wird sogar eine kritische Temperatur von 23 Kelvin erreicht. Einen Durchbruch hin zu höheren kritischen Temperaturen stellte eine Keramik aus Barium, Lanthan, Kupfer und Sauerstoff dar, deren Entdeckung Johannes Georg Bednorz und Karl Alex Müller den Nobelpreis einbrachte. Mit anderen Vertretern dieser sogenannten Hochtemperatursupraleiter ließ sich inzwischen die kritische Temperatur auf 138 Kelvin hochschrauben. Das entspricht zwar –135 Grad Celsius, also nicht gerade einer sehr hohen Temperatur. Allerdings ist diese Temperatur relativ leicht mit Hilfe von flüssigem Stickstoff zu erreichen, der bereits bei 77 Kelvin siedet.

Während an der theoretischen Beschreibung von Hochtemperatursupraleitern noch geforscht wird, lassen sich die meisten der traditionellen Supraleiter gut mit Hilfe der BCS-Theorie verstehen. Diese verdankt ihren Namen John Bardeen, Leon Cooper und John Robert Schrieffer. Wir wollen uns im Folgenden darauf beschränken, die Grundidee dieser drei Nobelpreisträger zu skizzieren, zuvor aber noch kurz anmerken, dass es Bardeen bisher als Einziger geschafft hat, zwei Nobelpreise für Physik zu erhalten.

Um Supraleitung zu ermöglichen, müssen die in der Nähe der Fermienergie, also gewissermaßen an der Oberfläche des Fermisees, befindlichen Elektronen die elektrische Abstoßung überwinden, die zwischen negativ geladenen Teilchen herrscht. Dies gelingt durch Vermittlung des Atomgitters, in dem sich die Elektronen bewegen. Diese indirekte Wechselwirkung zwischen Elektronen kann man sich folgendermaßen vorstellen: Das erste Elektron zieht aufgrund seiner negativen Ladung die positiv geladenen Atomrümpfe des Gitters an und erzeugt somit eine Verzerrung dieses Gitters. Die dadurch konzentriertere positive Ladung zieht wiederum ein Elektron an, so dass sich effektiv eine anziehende Kraft zwischen zwei Elektronen ergibt. Es kann ein sogenanntes Cooper-Paar gebildet werden, das aus zwei Elektronen mit entgegengesetztem Impuls und entgegengesetztem Spin besteht.

Wenn sich zwei Elektronen, also Fermionen, in dieser Weise zusammentun, so verhalten sie sich effektiv wie ein Boson↑[28] ohne Spin. Ähnlich wie bei der Bose-Einstein-Kondensation können sie mit anderen Cooper-Paaren ein Kondensat bilden. Allerdings sind die beiden Elektronen eines Cooper-Paars recht weit voneinander entfernt, so dass im Raum zwischen ihnen viele andere Cooper-Paare zu finden sind. Die einzelnen Cooper-Paare können sich nun nicht mehr unabhängig voneinander im Supraleiter bewegen, sondern tun dies gemeinsam. Einer Störung, die ein einzelnes Elektron aus seiner Bahn werfen und damit einen elektrischen Widerstand erzeugen würde, gelingt es nun nicht mehr, das Kondensat der Cooper-Paare zu stören. Diese können sich daher widerstandslos durch den Supraleiter bewegen.

42. Wie kann man Supraleiter zum Schweben bringen? Als wäre es nicht spektakulär genug, dass ein elektrischer Strom in einem Supraleiter vollkommen widerstandslos fließen kann, lässt sich ein

Supraleiter auch zum Schweben bringen. Man nutzt hierbei den erstmals von Walther Meißner und Robert Ochsenfeld beobachteten Effekt aus, dass ein Supraleiter in der Lage ist, ein Magnetfeld aus seinem Inneren zu verdrängen.

Um den Mechanismus hinter diesem Phänomen zu verstehen, muss man wissen, dass ein elektrischer Strom ein Magnetfeld erzeugt und umgekehrt ein zeitlich veränderliches Magnetfeld eine Spannung und damit einen Strom induzieren kann. Auf diesen beiden Effekten beruht beispielsweise die Funktion von Transformatoren.

Wenn wir nun ein Metall ohne jeden elektrischen Widerstand in ein Magnetfeld bringen, so werden im Metall Ströme induziert, die wiederum ein Magnetfeld erzeugen, das dem äußeren Magnetfeld entgegengesetzt ist. Dem äußeren Magnetfeld wird es also nicht gelingen, in das Metall einzudringen.

Ein Supraleiter kann aber noch mehr: Er kann ein Magnetfeld aus seinem Inneren verdrängen. Oberhalb seiner kritischen Temperatur verhält sich der Supraleiter wie ein normales Metall und besitzt einen elektrischen Widerstand. Dann ist es möglich, das Material einem Magnetfeld auszusetzen, da die anfänglich induzierten Ströme durch den Widerstand schnell abklingen. Nach Abkühlung unter die kritische Temperatur reagiert das nun supraleitende Material mit Strömen in der Oberfläche, die gerade dafür sorgen, dass das Magnetfeld aus dem Inneren verdrängt wird. In einem widerstandslosen Metall dagegen würde das vorhandene Magnetfeld eingefroren werden und ließe sich von außen nicht verändern. Ein Supraleiter ist also mehr als ein Metall ohne elektrischen Widerstand.

Ist das Magnetfeld allerdings zu stark, so kann es nicht mehr aus dem Supraleiter verdrängt werden. Dann dringt das Magnetfeld zunächst punktuell in einem Gitter von sogenannten Flussschläuchen in den Supraleiter ein, oder die Supraleitung wird gleich vollständig unterdrückt.

Den Meißner-Ochsenfeld-Effekt kann man sich nun zunutze machen, um Supraleiter schweben zu lassen. Dazu bringt man den supraleitenden Körper über einen Magneten. Für den Supraleiter ist es dann energetisch günstiger, in einiger Entfernung über dem Magneten zu schweben, statt zu viel Energie zur Erzeugung eines Gegenfeldes aufzubringen.

43. Kann eine Flüssigkeit die Wände hochfließen? Kühlt man eine Flüssigkeit genügend ab, so wird sie normalerweise fest, wie dies zum Beispiel bei Wasser unterhalb von null Grad Celsius der Fall ist. Mit abnehmender Temperatur bewegen sich die Atome oder Moleküle in der Flüssigkeit immer langsamer, und es wird für sie energetisch günstiger, sich in einem regelmäßigen Gitter anzuordnen. Folgt man diesem Argument, so würde man erwarten, dass alle Substanzen fest werden, wenn man sie nur nahe genug an den absoluten Temperaturnullpunkt abkühlt. Gemäß der klassischen Physik kommt dort die Bewegung der Atome und Moleküle zum Stillstand.

In Wirklichkeit ist dies jedoch nicht der Fall, da es selbst am absoluten Nullpunkt noch Quantenfluktuationen gibt. Eine einzige Substanz kann bei normalem Druck wegen dieses Quanteneffekts nicht fest werden, und zwar das Edelgas Helium. Dieses wird unterhalb von 4,2 Kelvin über dem absoluten Temperaturnullpunkt↑4 flüssig. Kühlt man die Flüssigkeit weiter ab, so wird sie jedoch fest. Dafür wandelt sich unterhalb von etwa 2,2 Kelvin ein zunehmend größerer Anteil in eine Flüssigkeit mit erstaunlichen Eigenschaften um, eine sogenannte Supraflüssigkeit.

Aus dem Alltag wissen wir, dass Flüssigkeiten verschieden gut fließen können. Honig und Sirup zum Beispiel sind sehr viel zähflüssiger als Wasser. Betrachten wir als Beispiel Honig, der mehr oder weniger langsam von einem Löffel fließt. Da sich der Honig wegen seiner Zähigkeit unmittelbar auf der Löffeloberfläche in Ruhe befindet, müssen sich Moleküle im Honig gegeneinander bewegen. Hierdurch kommt es zu einer inneren Reibung im Honig, die die Bewegung des Honigs bremst. Zähigkeit äußert sich in besonders augenfälliger Weise, wenn man versucht, Flüssigkeit durch ein dünnes Röhrchen zu bewegen. Versuchen Sie einmal, Honig durch einen Strohhalm zu saugen.

Supraflüssiges Helium ist, was seine Fließeigenschaften anbetrifft, das genaue Gegenteil von Honig. Im Gegensatz zu einer normalen Flüssigkeit gibt es bei einer Supraflüssigkeit keine innere Reibung, zumindest dann nicht, wenn sie langsam genug fließt. Supraflüssiges Helium ist daher in der Lage, selbst durch sehr enge Kapillaren zu fließen. Wegen der fehlenden Zähigkeit kann es sogar Wände hochfließen und, sofern es sich in einem Gefäß mit Öffnung befindet, den Flüssigkeitsstand inner- und außerhalb des Gefäßes angleichen. Dies ist in Abbildung 23 gezeigt. Links ist der Heliumpegel

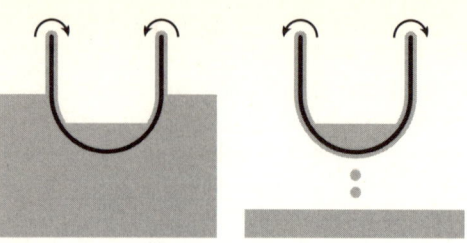

Abb. 23: Supraflüssiges Helium kann Wände hochfließen und je nach Flüssigkeitsstand in ein Gefäß oder aus diesem hinausfließen.

außerhalb des Gefäßes höher, Helium fließt somit in das Gefäß. Im rechten Teil der Abbildung fließt dagegen Helium aus dem Gefäß und tropft auf den tiefer liegenden Heliumspiegel.

Um eine Vorstellung vom Ursprung der Suprafluidität zu gewinnen, müssen wir uns kurz mit dem Umstand beschäftigen, dass Helium zwei stabile Isotope↑[20] besitzt, Helium-3 und Helium-4. Bei Helium-3 enthält jeder Atomkern nur ein Neutron, während es beim Helium-4 zwei Neutronen sind. Der Unterschied von einem Neutron, also von einem Teilchen mit halbzahligem Spin, hat zur Konsequenz, dass eines der Isotope, Helium-3, ein Fermion ist, während es sich bei Helium-4 um ein Boson handelt↑[28]. Wenn wir bisher von Helium gesprochen haben, dann haben wir eigentlich immer Helium-4 gemeint, das den ganz überwiegenden Anteil von natürlich vorkommendem Helium ausmacht.

Nachdem es sich bei Helium-4 um Bosonen handelt, kann es zu einer Bose-Einstein-Kondensation↑[29] kommen, wobei genau genommen auch die Wechselwirkung zwischen den Heliumatomen zu berücksichtigen ist. Die Frage ist nun, ob es Vorgänge geben kann, die zu einer inneren Reibung und damit zu einer Zähigkeit der Flüssigkeit führen können. Bei einer normalen Flüssigkeit können selbst kleine Energien auf die innere Bewegung der Flüssigkeit übertragen werden. Bei einem Bose-Einstein-Kondensat ist dies nicht der Fall. Hier müssen mindestens Schallwellen angeregt werden, was erst möglich ist, wenn sich die Supraflüssigkeit schnell genug über eine Wand bewegt. Eine langsame Supraflüssigkeit besitzt daher keine Zähigkeit.

Wir merken noch an, dass selbst beim fermionischen Helium-3 supraflüssiges Verhalten gefunden wurde, wenn auch bei noch viel tieferen Temperaturen als bei Helium-4. Die Situation ähnelt jener bei der Supraleitung, bei der sich die Elektronen, die ja auch Fermionen sind, zu Cooper-Paaren zusammentun.

44. Stolperte ein Grieche über einen Quanteneffekt?

Wie uns Plinius der Ältere, römischer Gelehrter des ersten Jahrhunderts nach Christus, im Band 36 seiner «Naturkunde» berichtet, entdeckte Magnes beim Weiden seiner Herde im Ida-Gebirge ein magnetisches Material, an dem seine genagelten Schuhe und die Eisenspitze seines Hirtenstabes haften blieben. Ganz unabhängig davon, ob wir Nikandros, auf den sich Plinius als Quelle bezieht, diese Geschichte glauben, ist der Magnetismus ein interessantes Quantenphänomen mit vielen praktischen Anwendungen. Allerdings ist der Magnetismus im Detail eine diffizile Angelegenheit, so dass wir uns hier auf ein paar grundsätzliche Überlegungen beschränken müssen. Auch wenn es verschiedene Arten von Magnetismus gibt, konzentrieren wir uns im Folgenden auf den Ferromagnetismus, da er in den alltäglichen magnetischen Materialien von Bedeutung ist.

Verantwortlich für die magnetischen Eigenschaften sind die Elektronen, die einen Spin und ein damit verknüpftes magnetisches Moment besitzen. Wir können sie also als Elementarmagneten auffassen. In einem ferromagnetischen Material richten sich diese Elementarmagnete parallel aus und ergeben somit einen makroskopischen Magneten. Allerdings wird diese perfekte Ausrichtung streng genommen nur am absoluten Temperaturnullpunkt erreicht. Abbildung 24 illustriert von links nach rechts typische Zustände der Elementarmagnete mit abnehmender Temperatur. Wir nehmen dazu an, dass die Elementarmagnete in der Papierebene angeordnet sind. Schwarze Bereiche deuten an, dass dort die Elementarmagnete aus der Papierebene herauszeigen, während sie in den weißen Bereichen umgekehrt orientiert sind, also in die Papierebene hineinzeigen.

Bei sehr hohen Temperaturen, also im linken Bild, haben die Elementarmagnete so viel Energie, dass sie sich nicht um ihre Nachbarn kümmern und ihre Ausrichtung zufällig ist. Mit abnehmender Temperatur tendieren benachbarte Elementarmagnete dazu, sich parallel auszurichten, und so deuten sich im mittleren Bild Bereiche mit einer Vorzugsrichtung an. Bei der hier gewählten Temperatur liegt Skaleninvarianz vor, wie wir sie in Frage 8 beschrieben haben. Das Bild sieht also unabhängig davon, wie sehr es vergrößert oder verkleinert wird,

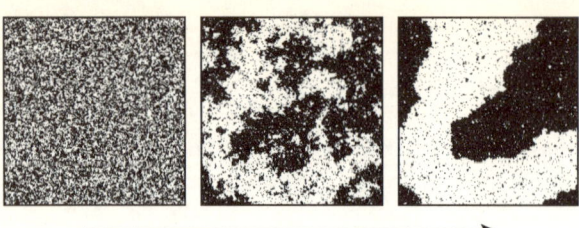

abnehmende Temperatur

Abb. 24: Mit abnehmender Temperatur bilden sich in einem Magneten Gebiete aus, in denen die Elementarmagnete in die gleiche Richtung zeigen.

im Wesentlichen immer gleich aus. Bei noch tieferen Temperaturen, im rechten Bild, haben sich deutliche Bereiche ausgebildet, in denen alle Elementarmagnete parallel ausgerichtet sind, die nach Pierre Weiss auch als Weiss-Bezirke bezeichnet werden.

In einem unmagnetisierten Material, zum Beispiel in einem gewöhnlichen Stück Eisen, halten sich Weiss-Bezirke mit entgegengesetzter Ausrichtung gerade die Waage. Allerdings kann man mit Hilfe eines Magnetfeldes die Grenzen zwischen den Bezirken verschieben oder sogar ganze Bezirke umklappen und auf diese Weise das Eisen magnetisieren. Ein Teil dieser Magnetisierung bleibt auch ohne äußeres Magnetfeld erhalten. Erst wenn das Material über eine kritische Temperatur, die nach Pierre Curie benannte Curie-Temperatur, erhitzt wird, verschwindet die Magnetisierung wieder.

Bis jetzt haben wir behauptet, dass sich die Elementarmagneten parallel ausrichten wollen, aber warum ist das eigentlich so? Denkt man daran, dass sich gleichnamige Pole eines Magneten abstoßen, so ist das sogar sehr erstaunlich. Tatsächlich spielt die magnetische Wechselwirkung zwischen den Elementarmagneten praktisch keine Rolle. Verantwortlich ist vielmehr die Austauschwechselwirkung, ein Quanteneffekt, der auf der Coulombwechselwirkung zwischen elektrischen Ladungen und auf dem Pauli-Prinzip ↑[28] beruht.

Um den Mechanismus der wenig anschaulichen Austauschwechselwirkung wenigstens ein bisschen zu beleuchten, betrachten wir nur zwei der vielen Elektronen, die für den Magnetismus in unserem Material verantwortlich sind. Wegen des Pauli-Prinzips dürfen sich die beiden Elektronen nicht im gleichen Zustand befinden, wobei dieser sowohl den Zustand der beiden Spins als auch die räumliche Verteilung der Elektronen umfasst. Wenn die Spins der beiden Elektronen in die gleiche Richtung zeigen, wird das Pauli-Prinzip dadurch erfüllt, dass sich die Elektronen gewissermaßen aus dem Weg gehen. Zeigen die Spins dagegen in entgegengesetzte Richtungen, so können sich die Elektronen näherkommen, wobei dann aber die gegenseitige Abstoßung aufgrund der gleichnamigen Ladung stärker zum Tragen kommt. Es kann also günstig sein, dass sich die Spins gleich ausrichten, um die Coulombwechselwirkung zwischen den beiden Ladungen zu verringern.

Welche der beiden Möglichkeiten letztlich die günstigere ist, hängt von den räumlichen Gegebenheiten in dem betreffenden Material ab. Bei Eisen, Kobalt und Nickel wird die Parallelstellung der Elementarmagnete bevorzugt, und daher sind diese Elemente ferromagnetisch.

45. Kann man Atome sehen?   Atome mit bloßen Augen zu sehen ist nicht möglich, dazu sind sie viel zu klein. Von speziellen Situationen abgesehen lassen sich die Strukturen eines Objekts nur auflösen, wenn die Wellenlänge kleiner ist als dieses Objekt. Da die Wellenlänge von Licht etwa zehntausendmal größer ist als der Durchmesser eines Atoms, hilft auch ein optisches Mikroskop nicht weiter. Um genauer hinzusehen, kann man zum Beispiel ein Elektronenmikroskop verwenden, das die Welleneigenschaften des Elektrons ausnutzt.

Eine andere, elegante Methode, Atome auf einer Festkörperoberfläche zu beobachten, ist das Rastertunnelmikroskop, das 1981 von Gerd Binnig und Heinrich Rohrer entwickelt wurde und auf dessen Funktionsweise wir im Folgenden eingehen wollen. Ziel ist es, die Oberfläche eines elektrisch leitenden Materials zu untersuchen. Dazu bringt man eine Metallspitze in die Nähe der zu untersuchenden Fläche und legt zwischen beiden eine elektrische Spannung an. Bei einem Abstand von etwa einem Nanometer, also etwa fünf Atomdurchmessern, kann trotz des isolierenden Zwischenraums ein Strom fließen – eine Folge des Tunneleffekts↑[21]. Da der Tunnelstrom sehr empfindlich von dem Abstand abhängt, den die Elektronen durchtunneln müssen, kann man ein Profil der Oberfläche erstellen, in dem individuelle Atome zu sehen sind. Allerdings erhält man nicht das gesamte Bild auf einmal, wie dies bei einem gewöhnlichen

Mikroskop der Fall ist, sondern man muss den darzustellenden Bereich linienförmig abrastern, worauf bereits der Name «Rastertunnelmikroskop» hinweist.

Das Rastertunnelmikroskop erlaubt es, Stufen von der Höhe einer einzigen Atomlage abzubilden, die atomare Anordnung auf der Oberfläche zu studieren oder beispielsweise ein auf der Oberfläche liegendes Molekül darzustellen. Allerdings muss man bei der Interpretation des Höhenprofils bedenken, dass der Tunnelstrom nicht nur vom Abstand zwischen Metallspitze und Oberfläche abhängt, sondern von den jeweiligen Elektronendichten. Bildet man also ein Molekül mit einer geringen Elektronendichte auf einer Oberfläche mit hoher Elektronendichte ab, so kann das Molekül als Graben in Erscheinung treten.

Bringt man die Metallspitze des Rastertunnelmikroskops sehr nahe an ein auf der Oberfläche liegendes Atom, so kann die Kraft zwischen Spitze und Atom so stark werden, dass sich das Atom auf der Oberfläche verschieben lässt. Auf diese Weise gelingt es, mit Atomen auf einer Oberfläche zu schreiben↑[46]. Die Wechselwirkung zwischen einer feinen Spitze und einer Oberfläche nutzt man auch beim Rasterkraftmikroskop aus. Da hier kein Strom fließen muss, eignet sich dieses Mikroskop dazu, die Oberfläche von isolierenden Materialien mit atomarer Auflösung abzubilden.

Nanophysik

46. Warum gibt es am Boden jede Menge Platz?

«There's Plenty of Room at the Bottom» war der Titel eines Vortrags, in dem der amerikanische Physiker Richard Feynman unter anderem argumentierte, dass es möglich sein sollte, den Inhalt aller 24 Bände der Encyclopædia Britannica auf einem Stecknadelkopf unterzubringen. In einer Zeit, in der dieses Werk auf DVD erhältlich ist, erscheint Feynmans Idee nicht abwegig. Bemerkenswert ist aber, dass der Vortrag schon im Dezember 1959 stattfand, gut zehn Jahre, bevor überhaupt der erste Mikroprozessor verkauft wurde.

Feynman stellte sich vor, dass es möglich sein müsse, Atome gezielt zu größeren Einheiten zusammenzubauen und Drähte mit einem Durchmesser von zehn bis hundert Atomen zu verwenden. Er erwartete, dass auf diesem Weg interessante Physik zu entdecken sei und gleichzeitig ein erhebliches Anwendungspotential vorhanden sein sollte. Damit war in visionärer Weise der Weg zur heutigen Nanophysik vorgezeichnet, in der Strukturen im Nanometerbereich untersucht werden. Ein Blick zurück auf die Abbildung 4 verrät, mit welcher Länge wir es hier zu tun haben.

Die bemerkenswerte Entwicklung der Leistungsfähigkeit von Computerbausteinen ist mit einer zunehmenden Miniaturisierung einhergegangen. Inzwischen werden Strukturen von einigen zehn Nanometern kommerziell hergestellt, so dass eine von Feynmans Visionen praktisch Wirklichkeit geworden ist. Heute versucht man, noch einen Schritt weiter zu gehen und untersucht die Möglichkeiten, elektronische Schaltungen auf der Basis einzelner Moleküle zu realisieren.

Die Idee, einzelne Atome gezielt zu größeren Einheiten zusammenzubauen, wurde zum ersten Mal im Jahr 1989 realisiert, als es Don Eigler gelang, 35 Xenon-Atome auf einer Oberfläche in der Form des Logos seines Arbeitgebers zu arrangieren. Bis Mikroprozessoren Atom für Atom zusammengebaut werden, ist es allerdings noch ein weiter Weg. Im Hinblick auf eine molekulare Elektronik wird auch ein Ansatz verfolgt, bei dem sich die gewünschte elektronische Schaltung selbstständig aus den molekularen Bausteinen zusammensetzt. Was in Einzelfällen für spezielle kleine Systeme funktioniert, ist für Systeme mit praktischem Nutzwert weiterhin eine große Herausforderung.

Auf dem Weg zur Nanometerskala wird nicht nur alles kleiner, es gibt auch neue physikalische Effekte. Viele Phänomene, die in Festkörpern von alltäglicher Größe auftreten, wie Magnetismus↑[44] oder Supraleitung↑[41], sind ohne Quantentheorie nicht zu verstehen. Für den Transport von Elektronen durch einen Festkörper spielt eine Rolle, dass Elektronen Fermionen sind↑[38]. Die Welleneigenschaften der Elektronen werden allerdings erst sichtbar, wenn sich die Elektronen nicht über sehr große Distanzen bewegen müssen, da dann die Wahrscheinlichkeit, dass ihre Wellenbewegung außer Takt gebracht wird, klein ist. Am Beispiel des ohmschen Gesetzes werden wir diesen Aspekt in Frage 48 genauer beleuchten.

Die neuen physikalischen Effekte, die bereits auf der Skala von Mikrometern auftreten können, rechtfertigen, dass sich hierfür der Begriff der mesoskopischen Physik herausgebildet hat. Damit bezieht man sich auf den Bereich zwischen der mikroskopischen Physik, die sich mit Molekülen und Atomen beschäftigt, und der makroskopischen Physik der Alltagsgegenstände. Um hervorzuheben, dass inzwischen Dimensionen erreicht wurden, die deutlich unter einem Mikrometer liegen, spricht man dann auch von Nanophysik.

47. Was ist ein Quantenpunkt?

Wir leben in einer dreidimensionalen Welt, und dementsprechend können sich die Elektronen in einem Festkörper im Prinzip in alle drei Raumrichtungen bewegen. Dennoch kann man heute zweidimensionale Elektronengase, eindimensionale Quantendrähte und sogar nulldimensionale Quantenpunkte herstellen. Allerdings ist es nicht möglich, die Elektronen im streng mathematischen Sinne auf zwei oder noch weniger Dimensionen zu beschränken. Was ist also mit einem zweidimensionalen Elektronengas oder einem Quantenpunkt gemeint?

An dieser Stelle ist es nützlich, sich daran zu erinnern, dass Elektronen in der Quantenphysik auch als Wellenphänomen verstanden werden können. Eine Welle kann sich aber nur dann in einer bestimmten Richtung ausbreiten, wenn sie hierfür viele Wellenlängen Platz hat. Stellen wir uns zum Beispiel einen Kanal von vielleicht einem Meter Breite vor. In Richtung des Kanals kann sich dann sehr wohl eine Welle mit einer Wellenlänge von einem Meter ausbreiten. Senkrecht zum Kanal ist dies jedoch nicht möglich. Dies erinnert an die Abbildung 6. Die vorderste Saitenschwingung kann nicht mit einer Wellenausbreitung senkrecht zur linken und rechten Wand in Verbindung gebracht werden. Dies ändert sich erst, wenn die Wellenlänge deutlich kürzer wird.

Aus der typischen Wellenlänge von Elektronen in Festkörpern ergibt sich, dass man Strukturen benötigt, die kleiner als etwa hundert Nanometer sind, um die effektive Zahl der Raumdimensionen auf zwei oder weniger zu reduzieren. Ein zweidimensionales Elektronengas lässt sich in einer sogenannten Halbleiterheterostruktur erzeugen, in der zwei Schichten verschiedener Halbleiter übereinander angeordnet werden. In der Nähe der Grenzfläche zwischen den beiden Halbleitern entsteht bei geeigneter Wahl der Halbleiter eine extrem dünne Schicht, in der sich Elektronen parallel zur Grenzfläche frei bewegen können, nicht jedoch senkrecht dazu.

Die Bewegung der Elektronen kann auf verschiedene Weise weiter eingeschränkt werden. Eine Möglichkeit besteht darin, metallische

Elektroden auf der Halbleiterheterostruktur anzubringen. Legt man eine negative Spannung an, so kann man die negativ geladenen Elektronen des zweidimensionalen Elektronengases aus dem Bereich unterhalb der Elektroden verdrängen. Man erhält so eine Strukturierung des Elektronengases.

Neben eindimensionalen Quantendrähten lassen sich nulldimensionale Quantenpunkte herstellen, deren Fläche so klein ist, dass sich die Elektronen in einem solchen Quantenpunkt in keine Richtung mehr frei bewegen können. Die Elektronen können dann nur noch bei ganz bestimmten Energien existieren. Quantenpunkte ähneln insofern Atomen, und man bezeichnet sie daher auch gerne als «künstliche Atome», obwohl der Durchmesser eines Quantenpunktes durchaus 100 Atomdurchmesser oder mehr betragen kann und es auch keinen Atomkern gibt. Eine praktische Anwendung, bei der ein Quantenpunkt zum Einsatz kommen kann, werden wir in Frage 49 kennenlernen.

48. Gilt das ohmsche Gesetz im Kleinen noch?   «U gleich R mal I» – auch wenn der Physikunterricht schon in weite Ferne gerückt ist, blieb diese Formel vielleicht doch noch in Erinnerung. Das ohmsche Gesetz besagt, dass der Strom I, der durch einen Widerstand R fließt, proportional zur angelegten Spannung U zunimmt. Aber muss das eigentlich so sein?

Wie kommt es überhaupt zu einem Widerstand? Legt man an einem Draht eine Spannung an, so entsteht ein elektrisches Feld, in dem die Elektronen beschleunigt werden. Ihre Geschwindigkeit, und damit auch der elektrische Strom, müsste also mit der Zeit eigentlich immer mehr anwachsen. Im ohmschen Gesetz ist jedoch von einem festen Wert des Stroms die Rede.

Der Grund hierfür lässt sich gut mit einer Analogie aus dem Alltag verstehen. Der Druck auf das Gaspedal beschleunigt ein Auto. Andererseits wird es nicht möglich sein, das Auto durch beständiges Gasgeben auf eine beliebig hohe Geschwindigkeit zu bringen. Bei einer gewissen Grenzgeschwindigkeit wird die vom Motor aufgebrachte Kraft nur noch in der Lage sein, den Widerstand, dem das Auto ausgesetzt ist, also vor allem den Luftwiderstand, zu kompensieren. Ein leistungsfähigerer Motor wird eine höhere Maximalgeschwindigkeit erlauben. Ähnlich verhält es sich mit den Elektronen, die sich in einem Leiter bewegen, nur dass hier die bremsende Kraft nicht vom

Luftwiderstand herrührt, sondern von Hindernissen, die das Elektron abbremsen oder von seinem geraden Weg abbringen.

In der mesoskopischen Physik sind die Strukturen kleiner als der typische Abstand zwischen solchen Störungen. Diese werden somit unwichtig. Dagegen kommt der Wellencharakter der Elektronen zum Tragen. Hindernisse können dann dazu führen, dass die Phase der Elektronenwelle springt, das Elektron also gewissermaßen außer Tritt gerät. Wenn wir auch diese Prozesse außer Acht lassen dürfen, haben wir es mit ungestörten Elektronenwellen zu tun, die durch einen Draht laufen, der im Folgenden sehr schmal sein soll. Die Energie der Elektronen besteht dann aus zwei Anteilen. Zum einen ist dies die Energie, die mit der Bewegung der Elektronen entlang des Drahtes zusammenhängt.

Der für uns interessantere Anteil hat mit der räumlichen Verteilung der Elektronen senkrecht zum Draht zu tun. In dieser Richtung ist die Energie der Elektronen quantisiert, wie wir das von der Abbildung 6 her kennen. Da die Energie mit abnehmender Wellenlänge zunimmt, gehören die in dieser Abbildung vorne dargestellten Schwingungen zu kleineren Energien als die hinteren Schwingungen. Je nachdem, wie viel Energie die Elektronen zur Verfügung haben, können die Elektronen diese Schwingungen besetzen und gewissermaßen als Kanäle für ihr Fortkommen durch den Draht nutzen.

Erhöht man die angelegte Spannung, so lassen sich höhere Schwingungen besetzen, und es eröffnen sich zusätzliche Möglichkeiten für die Elektronen, durch den Draht zu fließen. Es stellt sich heraus, dass der Widerstand als Folge dieser Quantisierung mit zunehmender Spannung in Stufen abnimmt, ein Verhalten, das 1988 zum ersten Mal experimentell beobachtet wurde. Der Strom ist dann also nicht mehr proportional zur Spannung, das ohmsche Gesetz gilt nicht mehr.

Abschließend kann man sich fragen, wo denn die Energie bleibt, die die Elektronen aufgrund der angelegten Spannung gewonnen haben. Irgendwann müssen die Elektronen die kleine mesoskopische Struktur wieder verlassen und unterliegen dann erneut den anfangs beschriebenen Prozessen, die sie Energie kosten.

49. Wie funktioniert Elektronik mit nur einem Elektron? Das Bit ist die kleinste Informationseinheit und kann entweder den Wert «0» oder «1» annehmen. In einem Computerspeicher werden typischerweise einige zehntausend Elektronen verwendet, um den Wert eines Bits festzulegen. Vor dem Hintergrund zunehmender Miniaturisierung in der Mikroelektronik stellt sich die Frage, ob man im Extremfall nur noch ein einziges Elektron pro Bit verwenden kann. Bei Anwesenheit eines Elektrons hätte das betreffende Bit den Wert «1» und sonst den Wert «0».

Um eine Vorstellung davon zu bekommen, ob man Ladungen auf ein einzelnes Elektron genau kontrollieren kann, betrachten wir eine kleine Metallkugel, die wir durch Anlegen einer Spannung aufladen. Eine Kugel von einem Zentimeter Radius wird beim Anlegen von nur einem Volt mit fast sieben Millionen Elektronen aufgeladen, viel zu viel für unsere Zwecke. Interessant wird es, wenn wir ein Metallkügelchen mit einem Radius von nur einem Mikrometer verwenden. Dann benötigt man etwa ein tausendstel Volt, um die Zahl der Elektronen auf diesem Kügelchen um eins zu ändern. Das ist nicht unrealistisch, aber es gibt dennoch ein Problem: Arbeiten wir bei normaler Umgebungstemperatur, so gibt es Schwankungen in der Elektronenzahl. Für das kleine Metallkügelchen können diese Schwankungen durchaus noch zehn oder zwanzig Elektronen betragen. Von einer Kontrolle auf dem Niveau einzelner Elektronen kann also keine Rede sein. Es gibt nur zwei Auswege. Entweder man arbeitet bei sehr tiefer Temperatur oder verwendet noch kleinere Systeme. Bei einem Radius von einem Nanometer muss man schon etwas mehr als ein Volt anlegen, um ein Elektron auf diese winzige Kugel zu bringen. Dann würde selbst bei Zimmertemperatur keine wesentliche Schwankung der Elektronenzahl mehr auftreten.

In sehr kleinen Systemen ist es also prinzipiell möglich, sogar einzelne Elektronen zu kontrollieren. Umgekehrt wird diese Problemstellung umso wichtiger, je kleiner die Strukturen werden, die in der Mikroelektronik zum Einsatz kommen. Wie kann man aber Elektronik mit einzelnen Elektronen realisieren? Wir wollen dies am Beispiel des sogenannten Einzelelektronentransistors beschreiben, der schematisch in Abbildung 25 gezeigt ist. Mit seiner Hilfe lässt sich, ähnlich wie bei einem normalen Transistor, der elektrische Strom kontrollieren, der hier durch den waagerechten Pfeil angedeutet ist.

Um einen Stromfluss zu ermöglichen, müssen Elektronen von links auf die zentrale Insel gelangen. Diese Insel ist durch die gepunktet angedeuteten Tunnelkontakte von der linken und rechten Elektrode getrennt, also durch eine sehr dünne isolierende Schicht, die

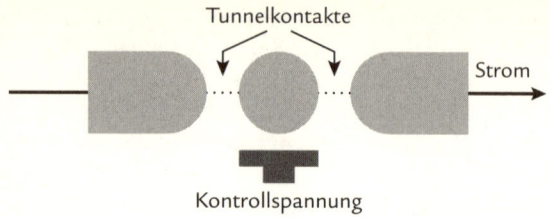

Abb. 25: Beim Einzelelektronentransistor kann mit Hilfe einer Kontroll-spannung der Fluss einzelner Elektronen kontrolliert werden.

die Elektronen mit Hilfe des Tunneleffekts↑[21] überwinden müssen. Wenn ein Elektron auf die zentrale Insel gelangt, so wird diese aufgeladen. Dies kostet Energie, und zwar entsprechend der obigen Überlegungen umso mehr, je kleiner diese Insel ist. Steht diese Energie nicht zur Verfügung, so ist der Stromfluss blockiert, man spricht von Coulombblockade.

Mit Hilfe einer Spannung, die man an der dunkel dargestellten Elektrode anlegt, kann man die Ladung verändern, die die Insel im Zustand niedrigster Energie tragen würde. Stellt man die Kontrollspannung so ein, dass es sich dabei um eine halbe Elementarladung handelt, so hat die Insel die Wahl zwischen zwei gleich schlechten Möglichkeiten. Da es keine halben Elektronen gibt, kann sie kein oder aber ein zusätzliches Elektron tragen. Nun eröffnet sich jedoch die Möglichkeit, dass diese Zustände nacheinander angenommen werden, wenn jeweils genau ein Elektron auf die Insel und anschließend wieder von ihr heruntertunnelt. Damit fließt ein Strom, die Coulombblockade ist aufgehoben. Durch Variation der Kontrollspannung lässt sich also der Stromfluss kontrollieren.

Man kann den in Abbildung 25 gezeigten Einzelelektronentransistor zu einer sogenannten Einzelelektronenpumpe oder zu einem Einzelelektronendrehkreuz erweitern. Damit lassen sich einzelne Elektronen kontrolliert in einem vorgegebenen Takt durch eine elektrische Schaltung bewegen. Allerdings muss man den Elektronen genügend Zeit lassen, um zu tunneln. Denn wenn die Information in einem Computer nur noch von einzelnen Elektronen getragen wird, führt das «Fehlverhalten» eines einzigen Elektrons schon zu einem echten Rechenfehler. Es müssen also entsprechende Korrekturvorkehrungen getroffen werden.

Das hier beschriebene Konzept lässt sich nicht nur in metallischen Systemen realisieren, sondern auch in Halbleitern, in denen die zentrale Insel durch einen sogenannten Quantenpunkt realisiert ist, und sogar in Systemen, in denen die Insel durch ein Molekül, zum Beispiel ein Kohlenstoff-Nanoröhrchen, repräsentiert wird.

50. Was sind Nanoröhrchen? Kohlenstoff in Form eines Diamanten mag schöner sein, aber Graphit, wie wir ihn aus Bleistiftminen kennen, und die mit ihm verwandten Strukturen, sind insbesondere für die Nanophysik von erheblich größerem Interesse. Graphit besteht aus Schichten, in denen die Kohlenstoffatome in einem Bienenwabenmuster angeordnet sind. Im linken Teil der Abbildung 26 ist eine solche sogenannte Graphenschicht gezeigt. Erst im Jahr 2004 konnte nachgewiesen werden, dass Graphen als einzelne Schicht, also als zweidimensionales Molekül, existieren kann und nicht nur in gestapelter Form wie im Graphit.

Ersetzt man einige der Sechsecke durch Fünfecke, so ist die Struktur nicht mehr eben. Damit werden sogenannte Fullerene möglich, die ein häufiger Bestandteil von Ruß sind. Das fußballförmige Molekül der Abbildung 26 ist ein besonders stabiler Vertreter der Fullerene und besteht aus 60 Kohlenstoffatomen. Wie wir in Frage 16 beschrieben hatten, konnte mit diesem und einer noch etwas größeren Variante ein Doppelspaltversuch durchgeführt werden, bei dem das Fullerenmolekül mit sich selbst interferiert.

Betrachtet man in Gedanken einen Streifen aus einer Graphenschicht und rollt diesen zusammen, so erhält man ein Kohlenstoffnanoröhrchen. Abbildung 26 zeigt rechts einen Blick in ein chirales Nanoröhrchen, das durch ein schräges Zusammenrollen eine gewundene Struktur erhalten hat. Neben solchen einwandigen Nanoröhrchen gibt es auch mehrwandige Nanoröhrchen, die zwiebelschalenartig ineinanderliegen.

Das Nanoröhrchen trägt seinen Namen aufgrund seines Durchmessers von etwa einem bis zu einigen zehn Nanometern. Die Länge des Nanoröhrchens kann durchaus eine Million Mal größer als sein Durchmesser sein. Wir haben es somit mit einem praktisch eindimensionalen Molekül zu tun. Außergewöhnlich hohe Werte für die Zugfestigkeit und Wärmeleitfähigkeit machen Nanoröhrchen zu einem potentiell interessanten Werkstoff.

Im Hinblick auf andere hier diskutierte Fragen konzentrieren wir

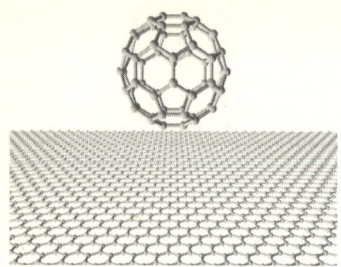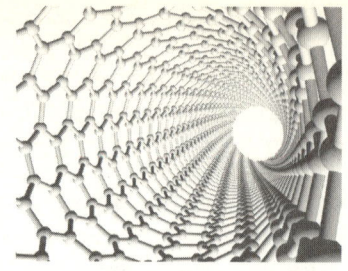

Abb. 26: Links: Ein aus 60 Kohlenstoffatomen bestehendes Fulleren über einer Graphenschicht. Rechts: Blick in ein Kohlenstoffnanoröhrchen, das man sich als zusammengerollte Graphenschicht vorstellen kann.

uns auf die elektrischen Eigenschaften von Nanoröhrchen. Diese hängen von der Struktur des Nanoröhrchens ab, also unter welchem Winkel die Graphenschicht zusammengerollt ist. So kann ein halbleitendes oder ein metallisches Nanoröhrchen vorliegen↑[38], und es wurde sogar Supraleitung↑[41] beobachtet. Interessante elektronische Bauelemente kann man beispielsweise erhalten, indem man metallische und halbleitende Nanoröhrchen zusammenfügt oder Nanoröhrchen mit Knicken versieht. Unter anderem ist es gelungen, mit Hilfe eines Nanoröhrchens einen Transistor zu bauen, und auch der in der vorhergehenden Frage beschriebene Einzelelektronentransistor wurde realisiert. Die eindimensionalen Nanoröhrchen liefern zudem ein Beispiel, in dem das ohmsche Gesetz nicht gilt, sondern sich der Widerstand abhängig von der Anzahl der für den Elektronentransport offenen Kanäle sprunghaft ändert.

Auch wenn Nanoröhrchen ein großes Potential für die Realisierung von elektronischen Schaltungen auf sehr kleinen Dimensionen besitzen, muss die Zukunft erst noch zeigen, ob sich eine kontrollierte Fertigung in industriellem Maßstab realisieren lässt. Zumindest im Prinzip bieten Kohlenstoffnanoröhrchen jedoch eine Perspektive für eine molekulare Elektronik, also eine Elektronik auf der Basis von Molekülen. Statt der ziemlich großen Nanoröhrchen wäre sogar die Verwendung relativ kleiner Moleküle denkbar. Dass diese den elektrischen Strom leiten können, wurde bereits im Labor gezeigt. Bis zu einem Computerchip ist es allerdings noch ein weiter Weg.

51. Was sind NEMS und MEMS? Auch wenn sie vom Namen her eher an einen neuen Knabberspaß denken lassen, sind NEMS und MEMS Abkürzungen für hochmoderne Entwicklungen in der Nanotechnologie. Sie stehen für Nano- bzw. Mikro-Elektro-Mechanische Systeme, und es handelt sich dabei um Miniaturmaschinen, die elektrisch betrieben werden und dadurch mechanische Bewegungen, wie zum Beispiel harmonische Schwingungen, ausführen. Dies lässt vielleicht an ein Uhrwerk denken, aber das Besondere an NEMS und MEMS ist, dass sie im Gegensatz zu herkömmlichen Maschinen winzig klein sind. Dies wird durch den ersten Teil ihres Namens verdeutlicht, der die Größenskala angibt, auf der diese Maschinen typischerweise hergestellt werden, nämlich Nanometer bzw. Mikrometer.

Häufig besteht ein MEMS aus einem Silizium-(Mikro-)Sockel, über dem eine bewegliche Silizium- oder Metallplatte im Abstand von einigen Mikrometern aufgehängt ist. Die Miniaturmaschine wird dann «nano»verkabelt und mit winzigen mikroelektronischen Komponenten ausgerüstet, damit die Maschine bedient oder Messwerte ausgelesen werden können.

Für MEMS und NEMS sind viele mögliche Anwendungen in der Elektronik-, Computer- und Unterhaltungsindustrie denkbar. Sie werden bereits heute als Sensoren und Auslöser für die Airbags in Autos eingesetzt. Dabei messen die Miniaturmaschinen Geschwindigkeitsänderungen. Bremst das Auto zu stark ab, so gibt die Miniaturmaschine ein elektrisches Signal, welches das Ausfahren und Aufblasen des Airbags auslöst. Je kleiner solche Sensoren sind, desto geringer ist ihre Reaktionszeit. Außerdem lassen sich dann zunehmend mehr von ihnen auf einem einzelnen elektronischen Chip unterbringen. Damit sinkt einerseits der Energieverbrauch, zum anderen vervielfacht sich die Zahl der Vorgänge, die gleichzeitig gemessen und gesteuert werden können. Mögliche Anwendungen der MEMS gibt es auch in der Biotechnologie, wo sie zur Identifizierung komplizierter Molekülstrukturen oder auch zur Detektion von chemischen und biologischen Substanzen eingesetzt werden könnten.

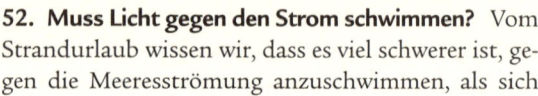

Spezielle Relativitätstheorie

52. Muss Licht gegen den Strom schwimmen? Vom Strandurlaub wissen wir, dass es viel schwerer ist, gegen die Meeresströmung anzuschwimmen, als sich von ihr treiben zu lassen. Das kommt daher, dass unsere Geschwindigkeit der Strömung im ersten Fall entgegengesetzt und im zweiten Fall gleichgerichtet ist. Schwimmt man gegen den Strom, so ist die Geschwindigkeit relativ zum Strand um die Strömungsgeschwindigkeit verringert. Schwimmt man dagegen mit dem Strom, so addiert sich die Strömungsgeschwindigkeit, und wir sind effektiv viel schneller.

Wir haben hier ein Beispiel für das Additionsgesetz der Geschwindigkeiten vor uns, das gemäß der newtonschen Mechanik für alles gilt, was sich bewegt, also auch für Licht. Demnach müsste sich das Licht, welches von den Scheinwerfern eines fahrenden Zuges abgestrahlt wird, schneller bewegen als das der Bahnhofslampe, unter der wir stehen.

Diese Vorhersage wurde 1887 in einem Experiment von Albert Michelson und Edward Morley widerlegt. Ihre Idee war, dass die Erde sich mit einer Geschwindigkeit von etwa 30 Kilometern pro Sekunde bewegt. Andererseits braucht Licht, so dachte man damals, zur Ausbreitung ein Medium, so, wie Schall sich zum Beispiel in Luft oder Wasser, aber nicht im Vakuum ausbreitet. Dieser sogenannte Ätherwind sollte das gesamte Universum ausfüllen und mit einer konstanten Geschwindigkeit in Bezug auf das Sonnensystem blasen. Michelson und Morley maßen nun die Lichtgeschwindigkeit in zwei senkrecht zueinander stehenden Richtungen in einem Abstand von sechs Monaten. Dabei benutzten sie ein Interferometer, welches im Rahmen der Frage 66 beschrieben wird und dort schematisch in Abbildung 30 gezeigt ist. Da sich die Bewegungsrichtung der Erde relativ zum Ätherwind im Laufe der sechs Monate ändert, müsste auch die Lichtgeschwindigkeit nach dem Additionsgesetz für beide Messungen unterschiedlich groß sein. Das war aber nicht der Fall. Damit war die Unabhängigkeit der Lichtgeschwindigkeit vom Bezugssystem zum ersten Mal nachgewiesen.

Für das obige Beispiel des fahrenden Zugs bedeutet das, dass sich das Licht der bewegten Scheinwerfer mit derselben Geschwindigkeit bewegt wie das der ruhenden Bahnhofslampe. Gleichzeitig hatte das Michelson-Morley-Experiment auch die Äthertheorie endgültig widerlegt und gezeigt, dass das Additionsgesetz der Geschwindigkeiten in der eingangs beschriebenen Form nicht allgemeingültig sein konnte. Erst die spezielle Relativitätstheorie, von Einstein im Jahr 1905 formuliert, konnte das damals erstaunliche Ergebnis des Michelson-Morley-Experiments erklären.

53. Warum leben manche Teilchen länger?

Elementarteilchen sind besonders gute Kandidaten, um die Vorhersagen der Relativitätstheorie zu testen, da sie sich fast mit Lichtgeschwindigkeit bewegen können. Außerdem stellen instabile Elementarteilchen eine Art Uhr dar. Sie haben eine typische mittlere Lebensdauer, während derer sie existieren. Danach zerfallen sie in andere Teilchen.

Myonen zum Beispiel haben eine mittlere Lebensdauer von etwa einer Millionstel Sekunde. Obwohl sie sich mit nahezu Lichtgeschwindigkeit bewegen, dürften sie demnach nur einige Hundert Meter zurücklegen, bevor sie zerfallen. Erstaunlicherweise können Myonen, die in 15 Kilometer über dem Meeresspiegel aus der kosmischen Höhenstrahlung erzeugt wurden, dennoch auf der Erdoberfläche nachgewiesen werden. Wie ist das möglich?

Ganz offenbar leben diese vorbeifliegenden Myonen für uns länger, als es ihre mittlere Lebensdauer erlauben sollte. Der tiefere Grund hierfür liegt darin, dass bewegte Uhren «langsamer gehen». Um dies zu zeigen, verwenden wir zwei Spiegel, zwischen denen ein Lichtstrahl hin- und herläuft, wie dies in Abbildung 27 links dargestellt ist. Jede Reflexion am ersten Spiegel entspricht einem «Tick» dieser Uhr, jede am zweiten Spiegel einem «Tack». Die vom Licht zurückgelegte Strecke gibt uns wegen der Konstanz der Lichtgeschwindigkeit direkt ein Maß für die verstrichene Zeit. Befindet sich die Uhr in Ruhe, so durchläuft das Licht auf dem Hin- und Rückweg denselben Weg. Rechts in Abbildung 27 bewegt sich die Uhr dagegen mit gleichförmiger Geschwindigkeit nach rechts, wobei die Positionen der Spiegel zu den Zeitpunkten gezeigt sind, an denen das Licht an einem der Spiegel reflektiert wird. Das Licht durchläuft nun eine Zickzacklinie, die offensichtlich länger ist als der Hin- und Rückweg bei ruhenden Spiegeln. Vergleicht also ein ruhender Beobachter die Zeit der bewegten Uhr mit der seiner Armbanduhr, so stellt er fest, dass die bewegte Uhr langsamer geht. Dieses Phänomen nennt man Zeitdilatation. Anders gesagt, die Zeit, die eine Uhr in ihrem eigenen Bezugssystem misst, ist immer am kürzesten. Sie heißt auch Eigenzeit.

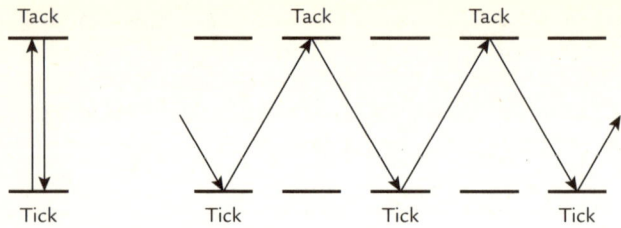

Abb. 27: Eine bewegte Uhr geht langsamer als eine ruhende Uhr.

Für die Myonen aus der kosmischen Höhenstrahlung, die sich fast mit Lichtgeschwindigkeit bewegen, bedeutet das, dass ihre innere Uhr von außen gesehen erheblich langsamer zu gehen scheint als die von ruhenden Myonen. Daher dauert eine Millionstel Sekunde für die schnell fliegenden Teilchen von der Erde aus gesehen wesentlich länger, und Myonen können deutlich größere Strecken zurücklegen, als es ihre mittlere Lebensdauer in Ruhe eigentlich zulässt.

Die Tatsache, dass die Bewegung eines Körpers im Raum einen Einfluss darauf hat, wie schnell seine Zeit für einen ruhenden Beobachter vergeht, macht deutlich, dass Raum und Zeit in der speziellen Relativitätstheorie untrennbar miteinander verknüpft sind. Tatsächlich sind in ihr die drei Raumdimensionen mit der Zeitdimension vereinheitlicht und bilden ein vierdimensionales Konstrukt, welches man Raumzeit nennt. Diese Einheit von Raum und Zeit wird auch dadurch unterstrichen, dass es als räumliches Pendant zur Zeitdilatation auch eine Längenkontraktion gibt. Dabei erscheint einem ruhenden Beobachter ein bewegter Stab kürzer als ein ruhender Stab.

54. Warum sind zwei Zwillinge nicht immer gleich alt? Die zwei Zwillinge Albert und Paul sind trotz ihres identischen Geburtstages am 23. Januar 2020 völlig verschieden. Während Paul mit seinen gerade 20 Jahren sehr lerneifrig ist und als frisch gebackener Quanteninformatiker pausenlos an einer Verbesserung der neuesten Quantencomputer arbeitet, ist Albert abenteuerlustig und geht nach einem Lottogewinn zunächst auf Weltreise, dann beschließt er, mit den kürzlich eingerichteten Raumfähren die neue Raumstation zu besuchen. Die beiden Zwillinge trennen sich am 14. März 2040 am Weltraumbahnhof Cape Canaveral. Albert fliegt mit der Raumfähre mit

80 % der Lichtgeschwindigkeit davon. Nach fünf Erdjahren holt Paul seinen Bruder nach seiner langen Reise wieder am Weltraumbahnhof ab. Nach einer herzlichen Begrüßung fragt Albert Paul, was denn in den drei Jahren alles so passiert sei. «Drei?», fragt Paul, «wieso drei, Du warst fünf Jahre weg!» «Aber nein», erwidert sein Bruder. «Das kommt dir nur so vor, weil Du dauernd vor dem Quantencomputer sitzt. Schau, meine Uhr zeigt mir das Jahr 2043 an.» Paul ist verblüfft. Wer hat recht?

Tatsächlich haben alle beide recht: Für Paul sind fünf Jahre vergangen, für Albert aber nur drei. In der vorigen Frage haben wir gesehen, dass die Eigenzeit einer Uhr immer die kürzeste ist oder dass, lax gesagt, bewegte Uhren langsamer gehen als ruhende. Das erklärt auf den ersten Blick, warum Albert jünger ist als Paul. Albert ist aber mit dieser Erklärung überhaupt nicht einverstanden und gibt zu bedenken, dass von der Raumfähre aus gesehen Paul eine Reise mit der Erde gemacht hat und somit jünger als Albert sein muss. Nun können nicht beide Zwillinge jeweils jünger als der andere sein, und wir stehen hier vor dem berühmten Zwillingsparadoxon.

Der Irrtum liegt darin anzunehmen, dass beide Situationen tatsächlich gleichwertig sind. Im ersten Fall bleibt Paul auf der Erde, welche sich in etwa gleichförmig bewegt, also ein sogenanntes Inertialsystem bildet. Das ist zwar nicht ganz richtig, wir dürfen es aber einmal näherungsweise für die folgende Argumentation annehmen. Paul befindet sich demnach die ganze Zeit über in ein und demselben Inertialsystem und bewegt sich mit konstanter Geschwindigkeit. Für die Raumfähre, in der sich Albert befindet, ist dies jedoch nicht der Fall. Diese muss zunächst beschleunigen, um auf 80 % der Lichtgeschwindigkeit zu kommen, bewegt sich dann gleichförmig bis zur Raumstation, wo sie aber wieder abbremsen muss, bevor sie auf der umgekehrten Reiseroute auf die Erde zurückkehrt. Die Raumfähre stellt also kein Inertialsystem dar. Albert darf aber nur so lange argumentieren, dass Pauls Uhr langsamer geht, wie er sich gleichförmig bewegt. Am Umkehrpunkt der Raumstation ist dies jedoch nicht der Fall. Dort bewirkt die Richtungsänderung der Raumfähre, dass Pauls Uhr für Albert rasend schnell geht. Dieser Effekt ist so groß, dass Paul nach der Richtungsänderung für Albert erheblich älter erscheint und auch noch nach Alberts Rückkehr auf die Erde älter ist als er.

55. Was wiegt ein Photon? Ein Photon wiegt null Gramm, also gar nichts. Das hat man experimentell schon auf 49 Dezimalstellen nachgeprüft. Nun ist es unmöglich, ein Photon direkt zu wiegen. Wie kann man also nachprüfen, dass es nichts wiegt? Dazu überlegt man sich, was die Folgen einer nicht verschwindenden Photonmasse wären. Wie wir gleich noch sehen werden, könnte sich das Photon dann nicht mehr mit der Geschwindigkeit bewegen, die wir als Lichtgeschwindigkeit kennen. Da das Photon das Austauschteilchen↑[73] der elektromagnetischen Wechselwirkung ist, würde auch diese anders aussehen. Zum Beispiel könnten sich zwei Ladungen nicht mehr über sehr weite Entfernungen anziehen.

Ganz allgemein ist die Ruhemasse eines Körpers diejenige Masse, die das Teilchen einer beschleunigenden Kraft aus der Ruhe entgegensetzt; sie ist insofern ein Maß für seine Trägheit. Je schwerer ein Teilchen ist, desto größer ist die Kraft, die man aufwenden muss, um es zu beschleunigen. Ein Motorrad kommt daher schneller auf eine gewisse Geschwindigkeit als ein LKW.

Bewegt sich das Teilchen bereits, so wird es immer schwieriger, es noch weiter zu beschleunigen, und man benötigt dazu immer mehr Energie. Nähert sich im Grenzfall die Teilchengeschwindigkeit der Lichtgeschwindigkeit, so wird der Körper unendlich träge. Diese Tatsache verbietet Massen, sich wie Photonen mit Lichtgeschwindigkeit zu bewegen.

Manchmal wird dieses Phänomen als relativistische Massenzunahme bezeichnet, und man schreibt dem Körper entsprechend seiner Bewegung eine bewegte Masse zu, die immer weiter zunimmt, je größer seine Geschwindigkeit wird. Es ist aber sinnvoller, sich mit dem Begriff «Masse» grundsätzlich auf die Ruhemasse zu beziehen, die als Teilcheneigenschaft unveränderlich bleibt.

56. Was bedeutet E = mc²? In einer Umfrage «Nennen Sie eine berühmte mathematische Gleichung» würde diese Formel sicher sehr häufig genannt. Sie ist als Einsteinformel in die Geschichte eingegangen.

Sie bedeutet vereinfacht gesagt, dass im Rahmen der speziellen Relativitätstheorie Energie und Masse gleichwertig sind und ineinander umgewandelt werden können. In den Umwandlungsfaktor geht die sehr große Lichtgeschwindigkeit quadratisch ein. Das hat folgenschwere Auswirkungen. Jede Masse trägt eine ungeheure Energie in sich, denn wenn man ein Kilogramm Materie nach der Einstein-formel in eine Energie umwandelt, wird daraus eine Energie von 10^{17} Joule. Bedenkt man, dass man eine Energie von nur zehntausend Joule braucht, um einen tonnenschweren Laster im Erdschwerefeld einen Meter hochzuheben, dann gewinnt man eine Vorstellung von der in der Materie enthaltenen Energie.

Allerdings steht diese Energie normalerweise nicht direkt zur Verfügung. Ein Beispiel, bei dem Masse in geringem Umfang in Energie umgewandelt wird, ist der Zerfall von Atomkernen. Dabei haben die Endprodukte zusammen eine kleinere Masse als der Ausgangskern, und es wird Energie frei. Ein solcher Prozess findet in Kernreaktoren statt, in denen man den Zerfall von Atomkernen nutzt, um Energie zu erzeugen.

Der Umkehrprozess, die Umwandlung von Energie in Materie, ist natürlich auch möglich. Zwei Photonen können bei einer Kollision ein Teilchen und sein Antiteilchen erzeugen↑[72]. Die Einsteinglei-chung beschreibt auch hier die Energiebilanz der Umwandlung.

Die in der Einsteinformel genannte Energie ist die Energie eines Teilchens in Ruhe und die Masse seine in der vorigen Frage diskutierte Ruhemasse. Hinzu kommt noch die Energie, die das Teilchen aufgrund seiner Bewegung besitzt. Die Energie des masselosen Photons besteht vollständig aus diesem zweiten Anteil. Einsteins berühmte Formel kann also nicht auf das Photon angewandt werden.

57. Was ist der Dopplereffekt? Auf der Straße fährt ein Polizei-auto mit lauter Sirene an uns vorbei. Aus unserer Alltagserfahrung wissen wir, dass das Sirenengeräusch sich beim Vorbeifahren von hohen zu tieferen Tönen verlagert. Als Zuschauer auf einer Autorenn-strecke macht man genau dieselbe Erfahrung, und Kinder ahmen das Vorbeisausen von Autos automatisch richtig nach. Die Verschiebung der Tonlage ist ein typisches Beispiel des Dopplereffekts für Schall-wellen.

Eine Schallquelle sendet ihre Schallwellen symmetrisch in alle Raumrichtungen aus. Die Wellen bilden dabei Kugelschalen, in deren Zentrum die Schallquelle sitzt. Bei der Ausbreitung des Schalls entfernt sich die Wellenfront mit Schallgeschwindigkeit von der Quelle. Der Durchmesser der Kugelschale nimmt also mit der Zeit zu. Solange die Schallquelle aktiv ist, kommen im Zentrum immer neue Wellenfronten nach, die sich ihrerseits ausbreiten. In zwei

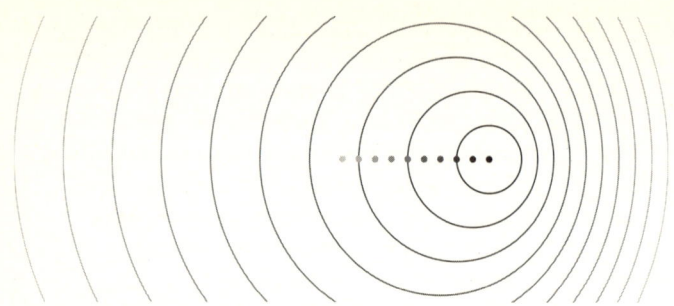

Abb. 28: Bei einer bewegten Schallquelle hängt die Frequenz der Welle von der Position des Empfängers ab.

Raumdimensionen kennen wir dieses Phänomen von Wasserwellen: Wirft man einen Stein ins Wasser, so bilden sich kreisförmige Wellen, die sich vom Aufprallpunkt des Steins symmetrisch wegbewegen und dabei einen immer größeren Durchmesser bekommen.

Bewegt sich nun die Schallquelle mit einer konstanten Geschwindigkeit nach rechts, so ergibt sich die Abbildung 28. Sie zeigt eine Momentaufnahme der Wellenfronten; die Punkte mit gleichem Grauton markieren den Ort, an dem die jeweilige Wellenfront ausgesendet wurde. Man sieht, dass die Wellenfronten in Bewegungsrichtung dichter zusammenliegen, dagegen in entgegengesetzter Richtung weiter voneinander entfernt sind. Der Abstand zwischen zwei Wellenfronten ist ein Maß für die Wellenlänge beziehungsweise die Frequenz des Signals. In Bewegungsrichtung werden die ausgesendeten Wellenlängen somit kürzer, in der Gegenrichtung jedoch länger. Die Signalfrequenz steigt also in Ausbreitungsrichtung und verursacht höhere Töne. In der Gegenrichtung sinkt sie und führt zu tieferen Tönen.

Das erklärt, warum wir beim Vorbeifahren des Polizeiautos dessen Sirene zunächst bei sehr hohen Tönen hören. Diese werden von den zusammengedrückten Wellenfronten produziert. Nach dem Vorbeifahren klingt die Sirene tiefer, da wir nun die auseinandergezogenen Wellenfronten empfangen. Je größer die Bewegungsgeschwindigkeit im Vergleich zur Schallgeschwindigkeit ist, umso ausgeprägter wird diese Frequenzverschiebung. In der nächsten Frage werden wir kurz darauf eingehen, was passiert, wenn die Schallgeschwindigkeit sogar überschritten wird.

Für elektromagnetische Wellen funktioniert der Dopplereffekt analog. Das Licht, welches wir von einer bewegten Lichtquelle empfangen, hat nicht dieselbe Frequenz wie das von einer ruhenden Lichtquelle. Diese Tatsache wird für astronomische Beobachtungen ausgenutzt. Aus der Frequenzverschiebung des gemessenen Sternenlichts kann man auf die Geschwindigkeiten von Sternen relativ zu uns schließen. Aber auch bei Radargeräten findet der Dopplereffekt Einsatz. Radargeräte senden elektromagnetische Strahlung in Form von Radiowellen einer ganz bestimmten Frequenz aus, die dann von den Fahrzeugen zurückreflektiert wird. Aus der Frequenzverschiebung wird direkt die Geschwindigkeit des Fahrzeugs bestimmt und dieses gegebenenfalls geblitzt.

58. Ist Überlichtgeschwindigkeit möglich? Die spezielle Relativitätstheorie verbietet einen Energie- oder Informationsfluss mit Überlichtgeschwindigkeit. Wenn von der Lichtgeschwindigkeit als Grenzgeschwindigkeit die Rede ist, meint man immer die Lichtgeschwindigkeit im Vakuum. In Materie können sich Teilchen jedoch durchaus schneller als Licht bewegen, weil die Lichtgeschwindigkeit hier kleiner ist als im Vakuum.

Beim Schall kennen wir das Phänomen des Überschallknalls, wenn ein Flugzeug die Schallmauer durchbricht. Das Flugzeug als Schallquelle fliegt dann mit Überschallgeschwindigkeit. Ähnliches passiert bei der Bewegung von elektrisch geladenen Teilchen, wie zum Beispiel schnellen Elektronen, in Materie. Die dabei abgestrahlten elektromagnetischen Wellen sind als Tscherenkow-Strahlung bekannt. Diese ist unter anderem die Ursache des bläulichen Leuchtens, das man um Reaktorstäbe im Kühlwasser beobachten kann.

Die Gleichungen der speziellen Relativitätstheorie lassen formal auch Teilchen zu, die sich im Gegensatz zu anderen Teilchen *ausschließlich* mit Überlichtgeschwindigkeit bewegen. Diese sogenannten Tachyonen wechselwirken aber nicht mit anderen Teilchen und entziehen sich daher unserer Beobachtung.

Kann man aber vielleicht mit Quanten die Relativitätstheorie austricksen? Die Quantentheorie lässt schließlich zu, dass sich zwei oder mehr Teilchen in einem verschränkten Zustand befinden. Eine Messung an einem der beiden Teilchen kann dann das Ergebnis der Messung an dem anderen Teilchen festlegen↑[32]. Wird dabei nicht Information mit Überlichtgeschwindigkeit übertragen? Die beiden Teilchen können ja sehr weit voneinander entfernt sein und die beiden Messungen sehr kurz aufeinander folgen.

Betrachten wir nochmals das Szenario aus der Frage 32: Zwei Teilchen sollen sich in der Überlagerung der Zustände «schwarz/weiß» und «weiß/schwarz» befinden. Die beiden Teilchen werden nun an weit voneinander entfernte Orte gebracht, wo die Akteure aus Frage 35, Alice und Bob, darauf warten, Messungen durchführen zu können.

Findet Alice bei der Messung an ihrem Teilchen eines der Ergebnisse «schwarz» oder «weiß», so weiß sie sofort, dass sich Bobs Teilchen in dem jeweils anderen Zustand befinden muss. Dabei wird jedoch keine Information übertragen, da Bob nichts von dem Messergebnis weiß, das Alice erhalten hat. Umgekehrt gilt das Gleiche: Wenn Bob seine Messung durchgeführt hat, kennt er den Zustand des Teilchens von Alice, erhält damit aber keine Information von ihr. Nur wenn Alice ihr Messergebnis beeinflussen könnte, würde es ihr gelingen, Information an Bob zu übertragen. Das ist jedoch nicht möglich.

Selbst mit Hilfe von komplizierteren Szenarien lässt sich kein Widerspruch zwischen Quantentheorie und spezieller Relativitätstheorie konstruieren. So garantiert zum Beispiel bei der Teleportation↑[35] die Notwendigkeit, das Messergebnis auf klassischem Wege zu übertragen, dass Information nicht mit Überlichtgeschwindigkeit transportiert werden kann. Diese Widerspruchsfreiheit spricht sehr für die beiden Theorien, die ja unabhängig voneinander entwickelt wurden.

59. Wie kann man mit Licht die Erdrotation messen? Lässt man zwei Lichtstrahlen durch eine optische Faser in entgegengesetzter Richtung um einen Ring laufen, so brauchen sie beide dieselbe Zeit, um den Kreisumfang einmal zu durchlaufen. Man kann die Gleichzeitigkeit des Eintreffens der beiden Strahlen sichtbar machen, indem man sie interferieren lässt↑[16]. Ohne Zeitverschiebung interferieren die Wellen konstruktiv.

Was passiert nun, wenn der Ring sich dreht? Dann dreht sich auch der Punkt, an dem beide Wellen gestartet sind. Die im Drehsinn laufende Welle hat damit einen längeren Weg zurückzulegen, um wieder zum gedrehten Startpunkt zu gelangen, als die Welle, die der Drehung entgegenläuft. Von außen betrachtet ist jetzt der Ort, an dem sich beide Wellen nach einem Umlauf treffen, um einen bestimmten Winkel vom ursprünglichen Startpunkt versetzt. Da beide Wellen sich mit Lichtgeschwindigkeit ausbreiten, kommt die im Drehsinn laufende Welle etwas später am Treffpunkt an. Diese Zeitverschiebung ist ein direktes Maß für die Geschwindigkeit, mit der sich der Ring dreht, und kann durch ein Interferenzexperiment mit hoher Genauigkeit sichtbar gemacht werden. Dieser sogenannte Sagnac-Effekt wurde 1913 von Georges Sagnac vorhergesagt und 12 Jahre später von Albert Michelson und Henry Gale benutzt, um die Erdrotation zu messen.

Um die Empfindlichkeit zu erhöhen, kann man eine lange Faser aufwickeln. Dann müssen die Wellen einen längeren Weg bis zum Ausgangspunkt zurücklegen. Dadurch erzeugen auch wesentlich kleinere Rotationen einen messbaren Interferenzeffekt, und das Auflösungsvermögen einer solchen Apparatur wird erheblich verbessert. In dieser Weise wird der Sagnac-Effekt heutzutage routinemäßig in Lasergyros bei der Navigation von Flugzeugen, Schiffen und Raumfähren zur Messung kleinster Drehbewegungen eingesetzt.

Allgemeine Relativitätstheorie

60. Warum ist Gravitation für uns so wichtig? Isaac Newton sei beim Betrachten des vom Baum fallenden Obstes die Idee der Gravitationskraft gekommen, so berichtete es Newtons Nichte, Madame Conduit, dem französischen Schriftsteller und Philosophen Voltaire. Jener hielt diese Begebenheit, die im Jahr 1666 stattgefunden haben soll, in seiner Schrift «Eléments de la philosophie de Newton» fest.

Gut 300 Jahre später zeigten 1969 die berühmten Aufnahmen der NASA, wie Neil Armstrong und Edwin Aldrin auf dem Mond nicht normal laufen, sondern lediglich hüpfen konnten. Der Grund dafür war, dass die Schwerkraft auf dem Mond nur etwa ein Sechstel der Schwerkraft auf der Erde beträgt. Wir können auf der Erde umhergehen, anstatt davonzufliegen, weil das Erdschwerefeld stark genug ist. Die Schwerkraft bestimmt also ganz wesentlich unseren Alltag.

Andererseits ist die Gravitation die schwächste der vier Wechselwirkungen↑[73], viel schwächer als beispielsweise die elektromagnetische Wechselwirkung, die genau wie die Gravitation auch noch auf sehr großen Distanzen wirkt. Für zwei Protonen zum Beispiel ist die elektromagnetische Abstoßung 10^{36} Mal größer als die gravitative Anziehungskraft. Trotzdem spielt die Gravitation eine zentrale Rolle in unserem Leben, und es ist die Gravitationskraft und nicht die elektromagnetische Wechselwirkung, die die Planetenbahnen bestimmt und die Struktur des Universums auf intergalaktischen Distanzen festlegt. Warum spielt sie trotz ihrer Schwäche eine so wichtige Rolle?

Zunächst einmal ist die Gravitation eine universelle Wechselwirkung, die zwischen allen Massen und, nach $E = mc^2$ ↑ [56], allen Energien wirkt. Außerdem kann man Gravitation nicht abschirmen. Elektrische Ladungen, die für elektrostatische Anziehung und Abstoßung verantwortlich sind, kann man durch einen Faraday-Käfig abschirmen oder mit entgegengesetzten Ladungen neutralisieren. Das geht bei der Gravitationskraft nicht, da es keine Körper mit negativer Masse gibt. Selbst die exotische Antimaterie, die beim Kontakt mit Materie zusammen mit dieser in Strahlung umgewandelt wird ↑ [72], hat eine positive Masse und wird durch ein Schwerefeld angezogen. Es gibt weder auf der Erde noch im Weltall einen völlig gravitationsfreien Raum. Die Schwerkraft wird zwar unter Umständen sehr schwach, ist aber immer vorhanden. Das erklärt auch, warum die Gravitation für die Struktur des Universums verantwortlich ist. Die elektromagnetische Wechselwirkung kommt hier gar nicht ins Spiel, da das Universum und sogar jeder einzelne Himmelskörper elektrisch neutral ist.

61. Warum schweben Astronauten? Wir schreiben das Jahr 1971: Der Astronaut Dave Scott von der Apollo-15-Mission steht auf dem Mond und lässt in der vakuumähnlichen Mondatmosphäre gleichzeitig einen Hammer aus einer und eine Feder aus der anderen Hand fallen. Beide fallen gleich schnell auf die Mondoberfläche, obwohl sie sehr verschiedene Massen haben. Das liegt daran, dass die Gravitation sie unabhängig von ihrer Masse gleich beschleunigt. Natürlich wirkt auf den Hammer eine größere Anziehungskraft als auf die Feder, aber da er schwerer ist als sie, ist auch mehr Kraft nötig, um seine Masse genauso zu beschleunigen wie die leichtere Masse der Feder.

Dieses fundamentale Prinzip der Physik heißt Äquivalenzprinzip und wurde bereits im 16. Jahrhundert von Galileo Galilei formuliert. Dieser ließ, so sagt man, Bälle unterschiedlicher Masse vom schiefen Turm von Pisa fallen. Trotz ihrer Massendifferenz kamen die Bälle unten gleichzeitig an. In anderen Quellen wird behauptet, Galilei habe dieses Experiment so gar nicht durchführen können, und stattdessen die Bälle von einer schiefen Ebene herunterrollen lassen. Wie dem auch sei, das Äquivalenzprinzip ist seither unzählige Male getestet und bisher immer bestätigt worden. Die besten Experimente, bei denen gemessen wird, wie der Mond von der Erde angezogen wird, sind auf ein Trillionstel genau.

Wenn aber auf alle Körper die gleiche Gravitationsbeschleunigung wirkt, dann bedeutet das auch, dass man lokal nicht unterscheiden kann, ob sich ein Körper im freien Fall, zum Beispiel im Erdschwerefeld, befindet, oder in der Schwerelosigkeit. Genau aus dem Grund schweben auch Astronauten, zum Beispiel auf der internationalen Raumstation. Tatsächlich herrscht dort keineswegs Schwerelosigkeit, denn das Erdschwerefeld ist noch stark, sondern die Astronauten befinden sich im freien Fall um die Erde.

62. Wie kann man die Krümmung des Raumes feststellen? Nehmen wir einmal an, wir schubsen zwei Bälle gleichzeitig vom Nordpol aus in Richtung Äquator, und diese rollen immer geradlinig über Berg und Tal, ohne von ihrer Bahn abzuweichen. Wären sie am Äquator immer noch nebeneinander? Die Antwort ist nein, und das leuchtet auch gleich ein, wenn man Abbildung 29 anschaut und sich überlegt, wie man einen Apfelschnitz aufschneidet: Mit zwei geraden Schnitten von der Blüte zum Stiel ist es möglich, einen Schnitz herauszuschneiden, und die Apfelschale ist in der Mitte am breitesten. Folglich sind die beiden Bälle am Äquator auf ihrer geradlinigen Bewegung am weitesten voneinander entfernt. Richtung Südpol laufen sie wieder zusammen. Das liegt daran, dass die Erdoberfläche nicht flach, sondern gekrümmt ist, und das eben beschriebene Experiment ist eine von vielen Möglichkeiten, dies zu belegen.

Eine andere Möglichkeit besteht darin, eine Vorhersage der euklidischen Geometrie zu testen, die besagt, dass im ebenen Raum die Summe aller inneren Winkel eines Dreiecks genau 180 Grad beträgt. Eine Abweichung von diesem Ergebnis lässt auf eine Raumkrümmung schließen. Wie sieht das nun im gekrümmten Raum aus? Stellen wir uns dazu eine Kugeloberfläche vor und bilden auf ihrer Außenfläche ein Dreieck. Ist die Summe der Innenwinkel immer noch 180 Grad? Abbildung 29 zeigt deutlich die Antwort. Die Summe ist größer. Um die Krümmung der Erdoberfläche herauszufinden,

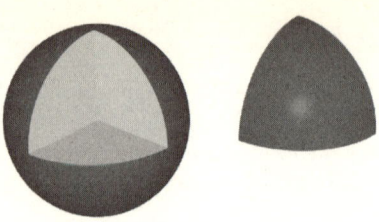

Abb. 29: Die Außenfläche eines Achtelschnitzes bildet
ein Dreieck mit drei rechten Winkeln.

könnte man also auf ihr ein gigantisches Dreieck wie in Abbildung 29 zeichnen und dessen Winkel messen. Als Ergebnis fände man eine Innenwinkelsumme von 270 Grad, welche eindeutig beweisen würde, dass die Erdoberfläche tatsächlich ein gekrümmtes Gebilde ist.

Der Mathematiker Carl Friedrich Gauß hat ein solches Experiment in der ersten Hälfte des 19. Jahrhunderts durchgeführt. Zu diesem Zweck konstruierte er ein Dreieck anhand dreier Berge, nämlich dem Brocken, dem Inselsberg und dem Hohen Hagen, und maß dessen Winkelsumme optisch aus, wobei er als Ergebnis 180 Grad fand. Abweichungen davon aufgrund der Krümmung hätte Gauß mit den damaligen Messmethoden nur für wesentlich größere Dreiecke finden können.

Der Anschaulichkeit halber haben wir uns auf die Krümmung von Flächen beschränkt. Die beschriebenen Konzepte lassen sich aber direkt auf höherdimensionale Räume übertragen. Auch ein dreidimensionaler Raum und erst recht die vierdimensionale Raumzeit der Relativitätstheorie können gekrümmt sein.

63. Was krümmt die Raumzeit?

In der allgemeinen Relativitätstheorie ist die Raumzeit↑[53] nicht flach, sondern gekrümmt. Diese Deformationen der Raumzeit werden durch alle Massen und Energien verursacht, die sich in ihr befinden, wie zum Beispiel die Erde, die Sonne, alle übrigen Planeten und die Sterne, aber auch Strahlungsenergien. Die Gravitation kommt dann direkt durch die Raumzeitkrümmung zustande. Diese Interpretation löst eine ansonsten knifflige Frage: Die newtonsche Gravitationskraft wirkt instantan. Dagegen postuliert die spezielle Relativitätstheorie, dass sich nichts schneller als mit Lichtgeschwindigkeit bewegen kann. Hier besteht ganz offenbar ein Widerspruch.

Deformationen der Raumzeit, wie zum Beispiel Gravitationswellen, können sich ähnlich wie Lichtwellen jedoch nur mit Lichtgeschwindigkeit ausbreiten. Auch wenn es nicht offensichtlich ist, steckt dies in der Gleichung, die Albert Einstein auf dem Titelfoto an die Tafel schreibt. Sieht man die Gravitation also als Folge der Raumzeitkrümmung an, so ist der Widerspruch gelöst.

64. Was ist ein schwarzes Loch? Ein schwarzes Loch kann als Endzustand eines extrem massiven Sterns entstehen, der nur noch der Gravitationskraft unterliegt. Wir wollen uns diesen Prozess im Folgenden etwas genauer ansehen, auch wenn es noch andere Möglichkeiten gibt, wie sich ein schwarzes Loch bilden kann.

Alle Sterne haben eine natürliche Lebensspanne, während derer sie sich laufend weiterentwickeln. Der Stern wird im Wesentlichen von zwei Kräften beherrscht, die sich das Gleichgewicht halten. Die Gravitationskraft versucht, die Sternmaterie auf ihr Zentrum zusammenzuziehen. Dabei wird der Stern immer stärker zusammengepresst und zunehmend dichter. Wird nun eine bestimmte Dichte erreicht, so setzen im Stern thermonukleare Reaktionen ein, bei denen zunächst Wasserstoff in Helium umgewandelt wird. Anschließend laufen verschiedene andere Fusionsprozesse ab. Die dabei frei werdende Energie wird abgestrahlt, und der so erzeugte Druck hält der Schwerkraft das Gleichgewicht.

Irgendwann hat der Stern aber seinen gesamten «Treibstoff» verbrannt und explodiert, sofern seine Masse hierzu ausreicht, in einer letzten thermonuklearen Reaktion. Das sind die sogenannten Supernovae, bei denen es zu einem kurzen, aber fantastisch hellen Aufleuchten des Sterns kommt. Nach dieser Explosion bleibt nur noch der Sternenrest als stark komprimierte dichte Masse übrig. Die Lebenszeit des Sterns ist damit abgeschlossen.

Wie die Endform des Sterns aussieht, hängt von der Sternenmasse ab. Aus relativ kleinen Sternen, wie zum Beispiel der Sonne, werden sogenannte weiße Zwerge, aus schwereren Sternen Neutronensterne, bei denen die Materie derart komprimiert ist, dass sie nur noch aus Neutronen bestehen. Ein schwarzes Loch entsteht aus einem noch massiveren Stern. Dieser wird beim Kollaps so stark zusammengepresst, dass seine Dichte praktisch unendlich wird und seine Raumzeit im Zentrum unendlich stark gekrümmt wird.

In Science-Fiction-Büchern werden schwarze Löcher manchmal so dargestellt, als ob sie alles, was ihnen nahekommt, in sich aufsaugen würden. Das ist aber so nicht richtig. Ein schwarzes Loch einer bestimmten Masse zieht durch seine Gravitationskraft andere Körper nicht stärker an als ein normaler Stern derselben Masse. Richtig ist dagegen, dass es unendlich schwierig ist, ein schwarzes Loch wieder zu verlassen. Anschaulich lässt sich das anhand der Fluchtgeschwindigkeit verstehen. Es handelt sich hierbei um die Geschwindigkeit, die ein Körper mindestens braucht, um das Schwerefeld eines Himmelskörpers zu verlassen. Für die Erde beträgt sie etwa 40 000 Stundenkilometer. In einem schwarzen Loch dagegen wird die Fluchtgeschwindigkeit größer als die Lichtgeschwindigkeit, und noch nicht einmal Licht kann das schwarze Loch verlassen, woher auch sein Name rührt. Dieses Argument wurde bereits 1783 in einer Abhandlung von Reverend John Mitchell diskutiert, obwohl diesem schwarze Löcher natürlich nicht bekannt waren.

65. Besitzt die Milchstraße ein schwarzes Loch? Viele Hinweise sprechen dafür. Da es vollkommen schwarz ist, entzieht sich ein schwarzes Loch natürlich unserer direkten Beobachtung. Aber es gibt Himmelskörper, die ein schwarzes Loch umkreisen, so wie die Planeten um die Sonne laufen. Die Beobachtung ihrer Umlaufbahn erlaubt es, auf die Masse des schwarzen Loches zu schließen.

Im Jahr 2002 ist eine solche Messung für das schwarze Loch im Zentrum unserer Milchstraße durchgeführt worden. Hierbei bedienten sich die Astronomen zweier Teleskope, des Keck-Teleskops und des «Very Large Telescope» oder kurz VLT, um die Bewegung mehrerer Sterne in der Nähe der galaktischen Radioquelle namens Sagittarius A* im Sternbild des Schützen aufzunehmen. Das Keck-Teleskop ist das größte optische Einzelteleskop der Welt und steht auf dem Mauna Kea auf Hawaii. VLT befindet sich in Paranal in Chile und besteht aus 4 Einzelteleskopen mit einem Durchmesser von jeweils 8 Metern. Jedes Teleskop ist mit speziellen optischen Geräten und Kameras ausgerüstet. Die Wellenfronten des schwachen Lichts, das von sehr weit entfernten Sternen ausgestrahlt wurde, werden auf ihrer Reise durch die Erdatmosphäre so stark von Turbulenzen deformiert, dass die Signale, die auf der Erde ankommen, praktisch nicht auswertbar sind. Man kann sich das etwa so vorstellen, als wolle man ein an der Gartenmauer fliegendes Glühwürmchen von der Terrasse aus durch die heiße, flimmernde Luft über einer Kerzenflamme beobachten. Deswegen hat man optische Systeme entwickelt, um solche Deformationen rückgängig zu machen.

Die Messung der Umlaufbahnen der Sterne um Sagittarius A* ergab, dass sie sich um ein Objekt mit fast 4 Millionen Sonnenmassen bewegen. Diese kaum vorstellbare Masse zusammen mit der relativ kleinen Ausdehnung von Sagittarius A* lassen darauf schließen, dass es sich bei ihm wohl wirklich um ein schwarzes Loch im Zentrum der Milchstraße handelt.

66. Wabbeln Raum und Zeit? Die Idee ist wahrscheinlich niemandem auf Anhieb sehr sympathisch. Wer möchte schon pausenlos auf einer im Wasser schwimmenden Luftmatratze laufen? Und eine wabbelnde Zeit? Lieber nicht. Glücklicherweise führt die allgemeine Relativitätstheorie im Alltag nicht zu solch unangenehmen Effekten.

Aber die allgemeine Relativitätstheorie sagt die Existenz von Gravitationswellen vorher, die sich genau wie elektromagnetische Wellen mit Lichtgeschwindigkeit ausbreiten. Elektromagnetische Strahlung wird von schwingenden Dipolen erzeugt. Durch diesen Mechanismus, der auf der Existenz von positiven und negativen elektrischen Ladungen beruht, sendet zum Beispiel eine Antenne Radiowellen aus. Nun gibt es keine negativen, sondern nur positive Massen. Insofern besteht hier ein wesentlicher Unterschied zur elektromagnetischen Strahlung. Gravitationswellen werden von beschleunigten massiven Körpern produziert und sind Verzerrungen der Raumzeitkrümmung. Das einfachste System, welches Gravitationswellen produziert, sind zwei sich umkreisende Massen. Andere mögliche Quellen sind Supernovae, schwarze Löcher oder auch der Urknall.

Nun ist die Gravitationswechselwirkung die schwächste aller Wechselwirkungen, und dementsprechend sind auch die abgestrahlten Gravitationswellen sehr schwach und ausgesprochen schwierig nachzuweisen, da sie nur winzige Änderungen der Raumzeit verursachen. Bis heute ist noch keine direkte Messung von Gravitationswellen geglückt, aber es sind inzwischen mehrere Instrumente zu ihrem Nachweis entwickelt worden, zum Beispiel GEO600 von Deutschland und Großbritannien, VIRGO von Frankreich und Italien, LIGO von den USA, TAMA300 von Japan und LISA von der NASA.

Alle diese Instrumente sind riesige Interferometer, da sie besonders geeignet sind, um kleinste Längenänderungen zwischen Test-

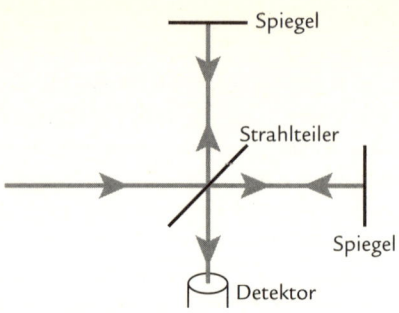

Abb. 30: Ein Michelson-Interferometer kann zum Nachweis
von Gravitationswellen verwendet werden.

körpern genau zu messen. Ein Michelson-Interferometer ist in Abbildung 30 schematisch dargestellt. Der Laserstrahl wird in zwei Strahlen geteilt, von denen jeder eine Messstrecke hin- und zurückläuft. Nach dem Durchlaufen werden beide Strahlen überlagert und interferieren. Ohne äußere Störung durch Gravitationswellen ist die Interferenz destruktiv, man beobachtet also einen dunklen Interferenzstreifen↑[16]. Läuft eine Gravitationswelle durch das Interferometer, so verursacht sie in ihm eine winzige Änderung der Raumzeit und daher auch des Weges, den das Licht im Interferometer zurücklegt. Dies führt zu einer Aufhellung des Interferenzstreifens. Die Empfindlichkeit eines solchen Interferometers hängt entscheidend von der Länge der Messstrecke ab: Je länger diese ist, desto kleinere Längenänderungen können nachgewiesen werden und desto empfindlicher ist das Instrument. Zum Beispiel hat GEO600 eine Messstrecke von 600 Metern, VIRGO von 3 Kilometern, LIGO von 4 Kilometern und TAMA300 von 300 Metern. Den absoluten Rekord wird aber LISA aufstellen. Wenn es wie geplant im Jahr 2015 fertiggestellt sein wird, wird das Interferometer zwei Messstrecken von sage und schreibe 5 Millionen Kilometern haben! Eine solche Installation ist auf der Erde allerdings nicht möglich. LISA wird also im Weltraum fliegen und dort Gravitationswellen aufspüren.

Ein indirekter Nachweis von Gravitationswellen wurde 1974 mit der Entdeckung zweier sich schnell umkreisender Neutronensterne durch die amerikanischen Astronomen Joseph Taylor und Russell Hulse möglich. Die Vermessung der Umlaufbahnen der beiden Sterne über einen Zeitraum von mehr als 25 Jahren zeigte, dass diese im Laufe der Zeit immer enger wurden. Das ließ darauf schließen, dass der Doppelpulsar, wie eine solche Konstellation auch genannt wird, kontinuierlich Energie verlor. Der errechnete Energieverlust entsprach nun genau dem, was man aufgrund der Abstrahlung von Gravitationswellen erwartete. Diese Tatsache gibt einen deutlichen Hinweis auf die Existenz von Gravitationswellen, ist aber kein direkter Nachweis, da der Energieverlust auch andere, uns noch unbekannte Ursachen haben könnte.

Auf den ersten direkten Nachweis hoffen die Astronomen noch ungeduldig. Das Wettrennen zwischen den großen Gravitationswelleninterferometern bleibt spannend!

67. Fällt Licht? Massen fallen zur Erde, da sie vom Erdschwerefeld angezogen werden. Aber Licht? Photonen haben, wie wir in Frage 55 sahen, keine Ruhemasse. Sie tragen allerdings Energie, die nach Einstein ebenfalls die Gravitationswechselwirkung spürt.

Dass Photonen von der Schwerkraft beeinflusst werden, kann man direkt im Universum beobachten. Elektromagnetische Strahlung, die von einem Stern ausgestrahlt wird, muss gegen die Schwerkraft der Sternenmasse arbeiten. Dabei verliert die Strahlung Energie. Da für ein Photon die Energie direkt mit seiner Frequenz zusammenhängt, erniedrigt sich so auch die Strahlungsfrequenz. Sichtbares Licht wird dabei rötlicher, da das rote Licht einer geringeren Energie entspricht als zum Beispiel das gelbe oder blaue Licht. Aus diesem Grund wird dieser Effekt auch «Gravitationsrotverschiebung» genannt.

Den umgekehrten Effekt gibt es natürlich auch. Er wurde von Robert Pound und Glen Rebka im Jahr 1960 genau gemessen. Die beiden Forscher montierten unterhalb der 22,6 Meter hohen Turmspitze des Jefferson Physical Laboratory in Harvard einen Gammastrahler↑[20] und maßen die Frequenz der ausgesendeten Strahlen im Keller. Dabei stellten sie fest, dass die Strahlungsfrequenz genau um den Betrag zugenommen hatte, der der Differenz des Gravitationspotentials an der Spitze und am Boden des Turms entsprach. Die Frequenz der Gammastrahlung war also blauverschoben, die Photonen hatten durch ihren Fall im Schwerefeld der Erde Energie gewonnen.

68. Wie hilft die allgemeine Relativitätstheorie dem GPS? Stellen Sie sich vor, Sie parken am Abend Ihr Auto und beim Einsteigen am nächsten Morgen behauptet das Navigationsgerät, das Auto stehe am anderen Ende der Stadt. So etwas könnte zumindest im Prinzip passieren, wenn man die allgemeine Relativitätstheorie außer Acht lässt.

Die Navigation mit dem Global Positioning System GPS basiert auf Satelliten, die die Erde in einer Höhe von etwa zwanzigtausend Kilometern umkreisen und die vor allem sehr präzise Atomuhren mitführen. Die Position des Navigationsgeräts lässt sich im Wesentlichen dadurch feststellen, dass man die Zeit misst, die Funksignale von mehreren Satelliten benötigen, um das Empfangsgerät zu erreichen. Dazu ist es erforderlich, die Uhren in den Satelliten präzise mit Uhren auf der Erdoberfläche zu synchronisieren. Und genau hier kommt die allgemeine Relativitätstheorie ins Spiel.

Wie wir in der vorigen Frage gesehen haben, nimmt die Frequenz von elektromagnetischen Wellen beim Fall im Gravitationsfeld zu. Dies gilt auch für die beim GPS verwendeten Mikrowellen, für die sich eine eigentlich sehr kleine relative Frequenzänderung von etwa einem halben Milliardstel ergibt. Wenn man nun diese Mikrowellen benutzt, um die Uhren in den Satelliten und auf der Erde zu synchronisieren, so muss man aus der erhöhten Frequenz schließen, dass die Satellitenuhren etwas zu schnell gehen. Würde dieser Effekt nicht korrigiert, so kämen im Laufe einer Nacht etwa zwanzig Mikrosekunden zusammen. Das klingt nach nicht sehr viel. Allerdings legt Licht in einer Mikrosekunde 300 Meter zurück, und so ergeben zwanzig Mikrosekunden eine Abweichung von etwa sechs Kilometern. Um dem Problem von vorneherein zu begegnen, lässt man die Satellitenuhren absichtlich langsamer laufen.

Neben dem gerade beschriebenen Effekt gibt es noch weitere potentielle Fehlerquellen, die berücksichtigt werden müssen, damit das Navigationsgerät die Position mit guter Präzision bestimmen kann. Eine davon ist der Dopplereffekt ↑[57] aufgrund der Bewegung der Satelliten, der zu einer teilweisen Kompensation der Frequenzverschiebung im Gravitationsfeld führt. Allerdings überwiegt Letztere deutlich, so dass die allgemeine Relativitätstheorie hier zu einer sehr praktischen Anwendung kommt.

69. Wie misst man die Expansion des Universums? Bereits 1929 beobachtete Edwin Hubble die kosmologische Rotverschiebung des Lichts, welches von den uns umgebenden Galaxien abgestrahlt wird. Da man weiß, welche Elemente in Sternen vorkommen, kann man das von ihnen abgestrahlte Licht bestimmten Spektrallinien zuordnen ↑ [19] und mit ihnen vergleichen. Dabei bemerkte Hubble, dass die Frequenz, mit der das Licht bei uns ankommt, im Vergleich zur eigentlichen Abstrahlungsfrequenz erniedrigt ist. Er stellte daraufhin das nach ihm benannte Gesetz auf, nach dem sich Galaxien umso schneller voneinander zu entfernen scheinen, je größer ihr Abstand ist.

Nun haben wir bereits in Frage 57 gesehen, dass Licht, welches von Quellen abgestrahlt wird, die sich von uns wegbewegen, aufgrund des Dopplereffekts rotverschoben ist. Für die kosmologische Rotverschiebung liegt der Fall allerdings etwas anders, denn die Galaxien bewegen sich zusammen mit dem gesamten Universum aufgrund der Ausdehnung der Raumzeit. Im Gegensatz dazu entfernt sich beim Dopplereffekt eine Lichtquelle von einem ruhenden Beobachter. Man kann die Bewegung der Galaxien recht anschaulich mit der von Rosinen in einem Hefekuchen beim Backen vergleichen. Nicht die Rosinen bewegen sich im Kuchen, sondern der gesamte Kuchen dehnt sich aus, und die Rosinen werden vom Teig mitgenommen. Nun haben Galaxien neben der globalen Ausdehnungsbewegung auch noch eine Eigenbewegung im Universum. Diese muss bei kosmologischen Rotverschiebungsmessungen erst noch abgezogen werden.

Wie können wir aber guten Gewissens behaupten, dass sich das Universum ausdehnt, wenn sich alles in ihm mit ausdehnt, also auch unsere Maßstäbe? Das liegt daran, dass es noch andere Wechselwirkungen, insbesondere die elektromagnetische Wechselwirkung, gibt. Diese legt letztendlich fest, wie groß ein Atom ist. Das Atom wird durch die Gravitation praktisch nicht beeinflusst. Man kann also mit Atomen Referenzmaßstäbe herstellen und somit zuverlässige Messungen ausführen.

70. Kann man Sterne doppelt sehen? Ja, und manchmal sogar vielfach. Das kommt daher, dass Photonen genau wie massive Körper der Schwerkraft unterliegen. Kommt nun von einem Stern abgestrahltes Licht in die Nähe eines anderen massiven Himmelskörpers,

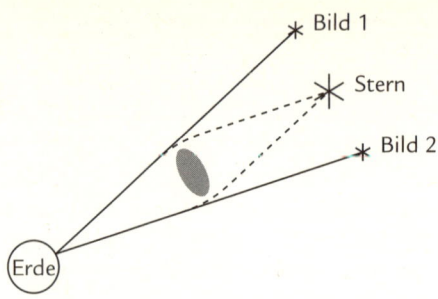

Abb. 31: Das Licht von einem Stern wird an einem sehr schweren Objekt abgelenkt. Von der Erde aus sieht man Bilder des Sterns an anderen, scheinbaren Orten.

so wird es von diesem angezogen, was seine Ausbreitungsrichtung ändert. In Abbildung 31 ist das schematisch gezeigt. Der Beobachter auf der Erde, auf den die gezeigten zwei Lichtstrahlen treffen, sieht den Stern nicht bei seiner eigentlichen Position, sondern in der Verlängerung der Richtung, aus der die Lichtstrahlen eintreffen. So ergeben sich in der Abbildung 31 zwei Bilder des Sterns, die sich links und rechts des für diesen Effekt verantwortlichen, grau dargestellten Himmelskörpers befinden.

Dieses Phänomen bezeichnet man als Gravitationslinse, da ein massiver Körper wie eine optische Linse Lichtstrahlen ablenkt. Allerdings ist dieser Vergleich nur zum Teil angebracht, denn eine Gravitationslinse erzeugt nicht nur ein, sondern mehrere Bilder in verschiedener Entfernung der Quelle und hat daher keinen einzelnen Brennpunkt, sondern eine «Brennlinie». Ein berühmtes Beispiel einer Gravitationslinse ist das Einsteinkreuz, welches in Abbildung 32 gezeigt ist. Es handelt sich hierbei um einen Quasar im Sternbild Pegasus, der uns durch eine Gravitationslinse, die Galaxie Huchras, nahezu in der Form eines Kreuzes erscheint.

Da sie Licht von hinter ihnen liegenden Sternen konzentrieren, können Gravitationslinsen in der Astronomie benutzt werden, um lichtschwache Himmelskörper zu studieren, die ansonsten nicht sichtbar wären.

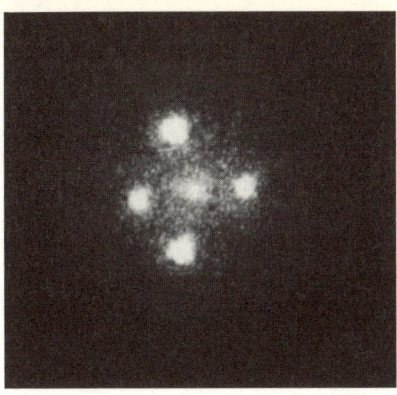

Abb. 32: Einsteinkreuz G2237+0305 (Quelle: ESA)

Elementarteilchenphysik

71. Was ist im Zoo der Elementarteilchen zu sehen?

Der Nachweis des Elektrons durch Joseph John Thomson im Jahr 1897 war der Startschuss zur Entdeckung einer Vielzahl von Elementarteilchen im Laufe des 20. Jahrhunderts. Bis 1932 waren die wesentlichen Bausteine der uns umgebenden Welt nachgewiesen: neben dem Elektron das Photon, das Proton und das Neutron. Außerdem war mit dem Positron bereits das erste Antiteilchen gefunden worden.

Wenige Jahre später wurde dann jedoch in der kosmischen Höhenstrahlung, die für einige Zeit die wesentliche Quelle für neu entdeckte Elementarteilchen sein sollte, eine schwerere Variante des Elektrons gefunden, das sogenannte Myon. Die Rolle dieses Teilchens war und ist auch heute nicht klar und veranlasste damals den Physiker Isidor Rabi zu der Frage «Wer hat das denn bestellt?»

Ab etwa 1955 wurde auch mit Hilfe von Teilchenbeschleunigern nach neuen Elementarteilchen gesucht, deren Zahl inzwischen auf über 200 angestiegen ist. Von Enrico Fermi wird berichtet, dass er Botaniker geworden wäre, wenn er sich die Namen aller dieser Teilchen hätte merken können. Angesichts dieser Vielzahl von Teilchen drängt sich der Verdacht auf, dass nicht alle von ihnen wirklich elementar sein können. Tatsächlich liegt der Fall ähnlich wie bei den

Atomen, die bekanntlich aus Protonen, Neutronen und Elektronen aufgebaut sind – eine Einsicht, die wesentlich für das Verständnis der Atome war. Die meisten Elementarteilchen besitzen ebenfalls eine innere Struktur, die im Rahmen des Standardmodells beschrieben wird. Dennoch ist es sinnvoll, die Elementarteilchen, auch wenn sie nicht ganz so elementar sind, entsprechend ihrer Eigenschaften zu klassifizieren.

Die erste Gruppe von Elementarteilchen sind die sogenannten *Leptonen*, die ihren Namen von dem griechischen Wort für «leicht» haben. Hierin finden wir drei Familien. Die erste besteht aus dem Elektron sowie seinem Antiteilchen, dem Positron, das 1932 entdeckt wurde, nachdem seine Existenz von Paul Dirac vorhergesagt worden war. Hinzu kommt das Elektron-Neutrino, das im Gegensatz zum Elektron keine elektrische Ladung trägt. Seine Existenz war schon lange von Wolfgang Pauli vorhergesagt worden, bevor es erst 1956 nachgewiesen werden konnte. Das Neutrino ist so leicht, dass zurzeit nur eine Obergrenze für seine Masse bekannt ist. Das zugehörige Antineutrino vervollständigt die erste Familie.

Die zwei weiteren nachgewiesenen Leptonenfamilien stellen schwerere Kopien der ersten Familie dar. Dies sind zum einen das bereits erwähnte Myon, sein zugehöriges Neutrino und die entsprechenden Antiteilchen sowie die Familie des Tauon. Letzteres ist etwa 3500-mal schwerer als ein Elektron und damit fast doppelt so schwer wie ein Proton. Nicht alle Leptonen sind also wirklich Leichtgewichte.

Alle Leptonen sind Fermionen, haben also einen halbzahligen Spin↑[22]. Bei Elementarteilchenprozessen ist die Anzahl der Teilchen in jeder Familie erhalten, wobei Antiteilchen negativ zählen. So kann das Tauon in ein Elektron zerfallen, wenn gleichzeitig ein Tau-Neutrino und ein Anti-Elektron-Neutrino entstehen.

So weit man weiß, besitzen die Leptonen keine innere Struktur. Sie können also als wirklich elementar angesehen werden. Dies ist bei den *Hadronen*, die abgesehen vom Photon alle anderen bekannten Elementarteilchen umfassen, nicht der Fall. Entsprechend dem Standardmodell bestehen sie aus zwei oder drei Quarks↑[78]. Die Hadronen bilden demnach zwei Untergruppen mit sehr verschiedenen Eigenschaften: die Mesonen (vom griechischen Wort für mittel) und die Baryonen (vom griechischen Wort für schwer).

Die *Mesonen* sind Bosonen, besitzen also entweder keinen oder einen ganzzahligen Spin. Als Erstes wurde das Pion gefunden, dessen Existenz von Hideki Yukawa im Hinblick auf die Wechselwirkung von Proton und Neutron im Atomkern vorhergesagt worden war. Auch die W-Bosonen und das Z-Boson, die für die schwache Wechselwirkung verantwortlich sind, gehören zu den Mesonen. Ferner gibt es Kaonen, B- und D-Mesonen, und noch viele mehr.

Die *Baryonen* sind wiederum Fermionen und tragen somit einen halbzahligen Spin. Zu ihnen gehören vor allem die Nukleonen, also Proton und Neutron, aber zum Beispiel auch Delta-, Lambda-, Sigma- und Xi-Teilchen. Eine interessante Frage ist, ob ähnlich wie die Leptonenzahl auch die Zahl der Baryonen in jedem Elementarteilchenprozess erhalten sein muss, wobei wiederum die Antiteilchen negativ zählen. Ist dies der Fall, so folgt automatisch die Stabilität des Protons, dem leichtesten der Baryonen. Das etwas schwerere Neutron dagegen kann in das leichtere Proton unter Aussendung weiterer Teilchen zerfallen. Motiviert durch theoretische Vorhersagen im Rahmen der großen Vereinheitlichung ↑[83] wurde nach zerfallenden Protonen gesucht, bis jetzt erfolglos. In jedem Fall wäre die Lebensdauer um viele Größenordnungen größer als das Alter des Universums, so dass wir uns keine Sorgen um die Stabilität der für uns relevanten Materie machen müssen.

72. Kann man Materie vernichten?

Zunächst einmal würde man wohl antworten, dass dies ganz unmöglich sei, da es unserer täglichen Erfahrung so vollkommen widerspricht. Man stelle sich nur vor, die Mahnung vom Finanzamt würde sich einfach vor unseren Augen in nichts auflösen, und wir könnten glaubhaft erklären, das sei ein normaler physikalischer Vorgang. Leider ist es nicht ganz so einfach. Aber die Quantenphysik gibt eine Möglichkeit zur Selbstvernichtung eines Teilchens. Dazu braucht es aber sein passendes Antiteilchen.

Sieht man von der entgegengesetzten Ladung ab, sind Teilchen und Antiteilchen identisch. Zum Beispiel hat das Elektron, welches eine negative Ladung trägt, als Antiteilchen das Positron. Dieses ist, wie sein Name schon sagt, positiv geladen, ansonsten aber dem Elektron völlig gleich. Es wurde zum ersten Mal 1932 in einem Experiment von Carl Anderson nachgewiesen.

Trifft ein Teilchen auf ein entsprechendes Antiteilchen, so löschen sich die beiden gegenseitig aus. Dieser Prozess setzt eine bestimmte Energiemenge frei, die der Energie der beiden Partner entspricht. Sie wird im Wesentlichen in Form von Strahlung frei. Man kann diese Energie über Einsteins berühmte Formel $E = mc^2$ ermitteln, indem man einfach für die Masse m die identischen Teilchen- und Antiteilchenmassen einsetzt. Das erklärt nun, warum in der uns umgebenden Welt hauptsächlich Teilchen, nicht aber Antiteilchen vorkommen. Wenn ein Antiteilchen entsteht, wie das zum Beispiel bei radioaktiven Prozessen der Fall sein kann, trifft es sehr schnell auf einen seiner Teilchenpartner, und beide vernichten sich. In einem völlig leeren Raum kann man ein Positron sehr lange aufbewahren und es beobachten. Sobald aber ein Elektron dazukommt, hat beider Existenz ein Ende.

Eine interessante Frage ist nun, warum in unserem Universum ein großes Ungleichgewicht zwischen Teilchen und Antiteilchen herrscht. Glücklicherweise, sollten wir sagen, selbst wenn wir uns dann eben nicht der Mahnung vom Finanzamt entledigen können. Aber wären Teilchen und Antiteilchen im Gleichgewicht gewesen, wäre unsere Welt schon in ihrer Entstehungsgeschichte durch die entsprechenden Antiteilchenpartner ausgelöscht worden. Wie es zu diesem starken Ungleichgewicht gekommen ist, darüber kann man selbst heute nur Mutmaßungen anstellen.

73. Was hält die Welt zusammen? Warum umkreist der Mond immerzu die Erde und bewegt sich nicht einfach schnurstracks von der Erde weg in die Tiefen des Weltalls? Offenbar wirkt eine Kraft, die den Mond auf eine mehr oder weniger kreisförmige Bahn zwingt. Dabei handelt es sich um die Gravitationskraft, die zwischen allen Massen wirkt und ebenso dafür sorgt, dass das Sonnensystem nicht auseinanderfliegt oder dass wir nach einem Luftsprung wieder auf der Erde landen.

Eine weitere Kraft, die schon sehr lange bekannt ist, ist die elektromagnetische Kraft zwischen elektrischen Ladungen. Im Gegensatz zur Gravitationskraft, die immer anziehend wirkt, ist dies bei der elektromagnetischen Kraft nur zwischen positiven und negativen Ladungen der Fall. Ein Beispiel sind die Atome, in denen die negativ geladenen Elektronen auf diese Weise an den positiven Atomkern gebunden sind. Im Gegensatz zu Massen ist aber auch eine abstoßende Kraft möglich, nämlich zwischen gleichnamigen Ladungen.

Wenn wir, wie es Faust laut Goethe tat, fragen, was die Welt im Innersten zusammenhält, so dürfen wir jedoch nicht beim Atom stehen bleiben. Was hält Atomkerne zusammen? Diese bestehen aus neutralen Neutronen sowie positiv geladenen Protonen, die sich eigentlich abstoßen müssten. Hier kommt die starke Wechselwirkung ins Spiel. Sie ist die stärkste der bekannten vier Kräfte. Dafür wirkt sie nur über winzig kleine Abstände, ganz im Gegensatz zur Gravitationskraft und der elektromagnetischen Kraft, die über beliebig große Distanzen wirken, auch wenn ihre Stärke invers mit dem Quadrat des Abstands abnimmt.

Schließlich gibt es noch als vierte Kraft die schwache Kraft, die zum Beispiel ermöglicht, dass sich ein Neutron in ein Proton, ein Elektron und ein Antineutrino umwandeln kann. Die schwache Kraft ist damit unter anderem für eine bestimmte Art des radioaktiven Zerfalls, den sogenannten Betazerfall, verantwortlich.

74. Wie treten Elementarteilchen in Kontakt miteinander? Stellen Sie sich vor, Sie säßen an einem sonnigen Tag im Freien und jemand würde die Sonne aus unserem Sonnensystem entfernen. Nachdem der Abstand zwischen Sonne und Erde etwa 150 Millionen Kilometer beträgt, benötigt das Licht trotz seiner enormen Geschwindigkeit von nahezu 300000 Kilometern pro Sekunde etwa 500 Sekunden, also gut acht Minuten, um von der Sonne zur Erde zu gelangen. Daher würden wir erst mit dieser Verzögerung feststellen, dass in unserem Sonnensystem etwas nicht stimmt. Ebenso lange würde es dauern, bis die Erde das Fehlen der Gravitationskraft der Sonne feststellen und damit ihre gewohnte Bahn verlassen würde.

Tatsächlich kann keine der vier fundamentalen Wechselwirkungen instantan erfolgen, sondern alle müssen sich an das von der speziellen Relativitätstheorie geforderte Tempolimit halten. Bei der elektromagnetischen Wechselwirkung ist dies garantiert, weil sie durch den Austausch von Photonen zwischen geladenen Elementarteilchen vermittelt wird. Wir haben es also mit einer Art Ballspiel zwischen Elementarteilchen zu tun. Die Abbildung 33 stellt links ein Feynman-Diagramm dar, das von unten nach oben gelesen die Wechselwirkung zweier Elektronen durch Austausch eines Photons beschreibt. Über die graphische Darstellung hinaus hat dieses Diagramm eine präzise mathematische Bedeutung, auf die wir hier nicht näher eingehen.

Die bei der elektromagnetischen Wechselwirkung ausgetauschten Photonen kann man nicht sehen, sondern sie sind nur virtuell. Die

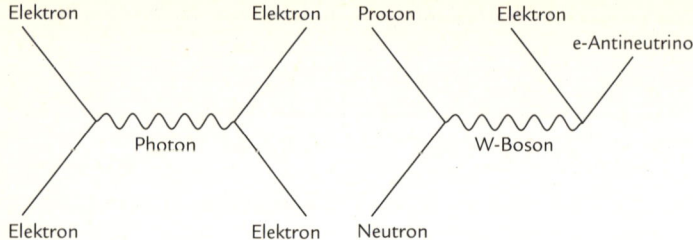

Abb. 33: Links: Zwei Elektronen wechselwirken durch den Austausch eines Photons. Rechts: Beim Zerfall eines Neutrons in ein Proton, ein Elektron und ein Antineutrino wird ein W-Boson ausgetauscht.

Eigenschaften des ausgetauschten Teilchens sind aber entscheidend für die Natur der jeweiligen Wechselwirkung. So hat die Tatsache, dass Photonen keine Ruhemasse besitzen↑[55], zur Folge, dass die elektromagnetische Kraft über beliebige Distanzen wirken kann.

Ganz anders verhält es sich zum Beispiel mit der schwachen Wechselwirkung. Die hierbei ausgetauschten W- und Z-Bosonen sind so schwer, dass sie erst 1983 experimentell gefunden wurden und Carlo Rubbia und Simon van der Meer nur ein Jahr später den Nobelpreis einbrachten. Dabei hatten Sheldon Lee Glashow, Abdus Salam und Steven Weinberg schon fünfzehn Jahre zuvor diese Austauschteilchen vorhergesagt und 1979 dafür den Nobelpreis erhalten. Die große Masse der W- und Z-Bosonen ist verantwortlich dafür, dass die schwache Wechselwirkung nur auf sehr kleinen Distanzen wirkt und daher auf den uns geläufigen Längenskalen keine unmittelbaren Auswirkungen hat.

Abbildung 33 zeigt rechts, dass der Zerfall eines freien Neutrons in ein Proton, ein Elektron und ein Antineutrino durch den Austausch eines W-Bosons erfolgt. Für diesen Zerfall ist also die schwache Wechselwirkung verantwortlich.

Für den Zusammenhalt von Protonen und Neutronen im Atomkern ist die starke Wechselwirkung zuständig, die ebenfalls nur über kurze Entfernungen wirksam ist. In diesem Falle sind es virtuelle Pionen, die ausgetauscht werden und durch ihre Masse die Reichweite der starken Wechselwirkung bestimmen. Sieht man allerdings etwas genauer hin, so wird das Bild komplizierter. Protonen und Neutronen bestehen dann aus Quarks, die durch den Austausch von Gluonen↑[80] zusammengehalten werden. Ihre Funktion erklärt den

Namen dieser Austauschteilchen, der sich aus dem englischen Wort «glue» für Klebstoff herleitet. Die Gluonen besitzen allerdings keine Ruhemasse. Dass sich dadurch keine langreichweitige Wechselwirkung ergibt, liegt an den merkwürdigen Eigenschaften der Gluonen, von denen in Frage 81 noch die Rede sein wird.

75. Warum baut man immer größere Beschleuniger?

Beim Zusammenstoß zweier Autos wird die Bewegungsenergie der fahrenden Autos in Deformationsenergie der verbeulten Autos umgewandelt. Je schneller die Autos waren, umso mehr Energie stand zur Verfügung, um die Autos zu verformen. Ganz ähnlich ist es in einem Beschleuniger, in dem Elementarteilchen zur Kollision gebracht werden. In immer größeren Beschleunigern kann man die Energie, die bei dem Zusammenstoß umgesetzt wird, immer höher schrauben, in diesem Fall jedoch nicht um Schaden anzurichten, sondern um neue physikalische Einsichten zu gewinnen.

Warum ist es aber nötig, zu immer größeren Energien zu gehen? Das eigentliche Ziel besteht darin, in einem Zusammenstoß von Elementarteilchen neue Teilchen zu erzeugen. Je mehr Energie hierzu zur Verfügung steht, umso größer ist die Masse der Teilchen, die entstehen können↑[56]. So ist es im Laufe der Jahre gelungen, immer schwerere Elementarteilchen zu erzeugen und das Standardmodell der Elementarteilchen experimentell zu untermauern. Ein wichtiges Teilchen fehlt aber noch, das sogenannte Higgs-Teilchen. Der «Large Hadron Collider», ein Beschleuniger am CERN bei Genf mit immerhin 27 Kilometern Durchmesser, ist so ausgelegt, dass die bei der Kollision von zwei Protonen zur Verfügung stehende Energie ausreicht, um eben dieses Higgs-Teilchen zu erzeugen. Zudem muss man davon ausgehen, dass das Standardmodell noch nicht der Weisheit letzter Schluss ist, so dass die Hoffnung besteht, mit diesem Beschleuniger zumindest Anhaltspunkte für neue Physik zu finden.

Große Energie heißt im Wellenbild kleine Wellenlänge. Schon vom optischen Mikroskop wissen wir, dass das Auflösungsvermögen durch die Wellenlänge des Lichts begrenzt ist. Je kleiner die Wellenlänge, desto kleiner sind die Strukturen, die man noch beobachten kann. Zu höheren Energien zu gehen heißt aber auch, in der Entwicklung des Universums weiter zurückzugehen. Bei den Kollisionen in den modernsten Beschleunigern werden im Kleinen nämlich Verhältnisse erzeugt, wie sie etwa einige Billionstel Sekunden nach dem

Urknall geherrscht haben. Auch wenn es gute Gründe gibt, noch weiter in die Vergangenheit oder noch tiefer in mikroskopische Dimensionen zu blicken, so zeigt doch der Aufwand, der heute für neue Beschleuniger getrieben werden muss, dass wir möglicherweise bald an die Grenze experimenteller Möglichkeiten stoßen werden.

76. Was sagt das Standardmodell der Elementarteilchen? Das Standardmodell der Elementarteilchen ist eine theoretische Beschreibung der Elementarteilchenphysik, die in der Lage ist, die gegenwärtig verfügbaren experimentellen Daten in sehr guter Weise zu beschreiben. In diesem Modell kommen die in der Abbildung 34 aufgeführten Teilchen sowie, bei den Leptonen und Quarks, deren Antiteilchen als elementare Bausteine vor.

Beginnen wir mit den Leptonen in der linken Spalte. Dort finden wir das negativ geladene Elektron, das nicht extra angegebene zugehörige Antiteilchen, also das Positron, sowie das neutrale Elektron-Neutrino sowie dessen Antiteilchen. Diese vier Teilchen bilden eine Familie, von der es insgesamt drei Ausführungen gibt, die sich lediglich in ihrer Masse unterscheiden: die Elektron-Familie, die Myon-Familie und die Tauon-Familie. Diese Teilchen treten als freie Elementarteilchen auf, wenn auch eventuell nur für sehr kurze Zeit. So zerfällt das Myon bereits innerhalb etwa einer Millionstel Sekunde.

Im Gegensatz zu den Leptonen kommen die Quarks nicht alleine vor, sondern bilden zu zweit oder zu dritt ein Elementarteilchen, das somit eine innere Struktur besitzt. Möglicherweise kann es auch Elementarteilchen geben, die aus mehr als drei Quarks bestehen. Auch die Quarks kommen wieder in drei Familien vor, die sich in ihrer Masse unterscheiden. Die erste Familie enthält das up- und das down-Quark, die zweite Familie besteht aus dem charm- und dem strange-Quark und die dritte Familie schließlich wird von dem top- und dem bottom-Quark gebildet. Hinzu kommen sechs Antiquarks.

Ein Quark kann zusammen mit einem Antiquark ein Meson bilden. So besteht das negativ geladene Pi-Meson aus einem down-Quark und einem Anti-up-Quark. Die Baryonen dagegen bestehen aus drei Quarks. Das Proton ist zum Beispiel aus zwei up-Quarks und einem down-Quark aufgebaut. Die Quarks bringen somit im Rahmen des Standardmodells der Elementarteilchen eine Ordnung in die Vielzahl der Mesonen und Baryonen.

LEPTONEN		QUARKS	
Elektron	Elektron-Neutrino	up	down
Myon	Myon-Neutrino	charm	strange
Tauon	Tau-Neutrino	top	bottom

WECHSELWIRKUNGSBOSONEN

Photon	2 W-Bosonen	8 Gluonen
	Z-Boson	

MASSENERZEUGUNG

Higgs-Boson

Abb. 34: Die fundamentalen Teilchen des Standardmodells

Neben den Leptonen und Quarks, die alle Fermionen sind, gibt es im Standardmodell noch eine Reihe von Bosonen↑[28]. Die meisten von ihnen sind für Wechselwirkungen zwischen den Fermionen verantwortlich. Mit Hilfe des Photons, zweier W-Bosonen und dem Z-Boson schafft es das Modell, die elektromagnetische und die schwache Wechselwirkung in einer einheitlichen Weise zu beschreiben. Für die starke Wechselwirkung sind acht Gluonen zuständig.

Neben den bereits erwähnten Teilchen sagt das Standardmodell noch ein weiteres Teilchen voraus, von dem man hofft, es in Kürze zu beobachten: das Higgs-Teilchen. Seine Aufgabe ist es, dafür zu sorgen, dass die anderen Teilchen des Modells eine Masse haben, wie wir in Frage 82 genauer sehen werden.

77. Wie erklärt man einem Alien, wo links und rechts ist? Von Richard Feynman stammt folgendes Szenario: Nehmen wir an, es wäre uns gelungen, mit Außerirdischen Funkkontakt aufzunehmen und die Grundlagen für eine Kommunikation zu schaffen. Wir wollen nun beschreiben, wie sich zwei Menschen begrüßen, indem sie einander die rechte Hand geben. Damit stehen wir vor dem Problem zu erklären, wo links und rechts ist.

Wegen der Spiegelsymmetrie des menschlichen Körpers ist es nicht ohne Weiteres möglich, diesen zur Lösung heranzuziehen. Allerdings ist die Symmetrie zum Beispiel dadurch gebrochen, dass das Herz auf der linken Seite zu finden ist. Es gibt jedoch keinen Grund, warum dies auch bei einem Außerirdischen so sein sollte.

In der Annahme, dass überall die gleichen physikalischen Gesetze gelten, scheint es daher sinnvoller, die Physik zu bemühen. Aber gibt es physikalische Vorgänge, die es erlauben, zwischen links und rechts zu unterscheiden? Es ist nützlich, nochmals auf die Lage des menschlichen Herzens zurückzukommen. Betrachten wir uns im Spiegel, so hat das Spiegelbild das Herz auf der rechten Seite und nicht auf der linken. Menschen mit dem Herzen auf der rechten Seite gibt es nicht. Wir müssen uns also fragen, ob es einen physikalischen Vorgang gibt, dessen Spiegelbild in der Natur nicht vorkommen kann. Diese Spiegeloperation nennt man Parität (genau genommen muss man das Spiegelbild noch um 180 Grad drehen, also auf den Kopf stellen).

Lange Zeit war man der Ansicht, dass die Physik unter Paritätstransformation invariant ist, das heißt, dass auch die Spiegelbilder von physikalischen Vorgängen in der Natur vorkommen können. 1956 jedoch äußerten Tsung Dao Lee und Chen Ning Yang die Vermutung, dass dies bei der schwachen Wechselwirkung nicht so sei. Tatsächlich wurde die Brechung der Paritätssymmetrie kurz darauf von der Physikerin Chien-Shiung Wu anhand von Experimenten mit Kobaltkernen bestätigt. Diese Kerne zerfallen aufgrund des Betazerfalls [20], der auf der schwachen Wechselwirkung beruht. Wir müssen jetzt nur noch unseren außerirdischen Freunden die Durchführung dieses Experiments erklären, und schon sind jene in der Lage zu verstehen, was wir mit links und rechts meinen.

Die Brechung der Paritätssymmetrie resultiert daraus, dass nur linkshändige Teilchen und rechtshändige Antiteilchen der schwachen Wechselwirkung unterliegen. Die Abbildung 35 zeigt, wie ein linkshändiges Teilchen durch Spiegelung zu einem rechtshändigen Teilchen wird. Dies lässt sich nachvollziehen, indem Sie den Daumen einer Hand in Richtung des Pfeiles zeigen lassen und mit den anderen Fingern die Drehung der Spiralen nachfahren. In einem Fall benötigen Sie hierzu die linke Hand, im anderen die rechte.

Würden wir neben der Spiegelung noch die Vorzeichen aller Ladungen vertauschen, also das gespiegelte Teilchen in sein Antiteilchen überführen, so hätten wir als erlaubtes Spiegelbild ein rechtshändiges Antiteilchen. Allerdings wurde bei Experimenten mit Kaonen nachgewiesen, dass auch diese kombinierte Symmetrie verletzt sein kann. Erst wenn man die Spiegelung und die Ladungsvertau-

Abb. 35: Das Spiegelbild eines linkshändigen Teilchens
ist rechtshändig.

schung um eine Zeitumkehr ergänzt, erhält man auf jeden Fall wieder einen erlaubten physikalischen Vorgang. Zumindest muss man aus theoretischen Überlegungen hiervon ausgehen, und es wurde auch noch kein Beispiel einer Verletzung dieser sogenannten CPT-Symmetrie beobachtet. Hieraus folgt übrigens für das Kaonen-Experiment, dass es auf mikroskopischer Ebene Vorgänge gibt, die nicht rückwärts in der Zeit ablaufen können.

78. Was sind Quarks? Durch die Zeile «Three quarks for Muster Mark!» aus «Finnegans Wake» von James Joyce inspiriert, führte der Physiker Murray Gell-Mann den Begriff «Quark» in die Physik ein. Damit bezeichnete er die Bausteine, aus denen die Hadronen, also Mesonen und Baryonen, aufgebaut sind. Sie tragen einen halbzahligen Spin. Aus dem Umstand, dass Mesonen aus zwei Quarks bestehen, deren Spin↑[22] parallel oder antiparallel stehen kann, folgt, dass Mesonen entweder Spin 0 oder Spin 1 haben und somit Bosonen sind↑[28]. Baryonen bestehen dagegen aus drei Quarks und sind somit Fermionen mit Spin 1/2 oder 3/2.

Eine ungewöhnliche Eigenschaft der Quarks ist ihre elektrische Ladung. Während die Ladung aller bekannten, frei vorkommenden Teilchen immer ein ganzes Vielfaches der Elementarladung ist, tragen Quarks, die nur in einem Bindungszustand mit anderen Quarks vorkommen können, Drittelladungen. Drei der sechs Quarks tragen zwei Drittel einer Elementarladung, nämlich das up-, das charm- und das top-Quark. Dagegen tragen das down-, das strange- und das bottom-Quark jeweils ein Drittel einer negativen Elementarladung.

Um die hadronische Materie, aus der wir und unsere Umwelt bestehen, zu beschreiben, genügen eigentlich das up- und das down-

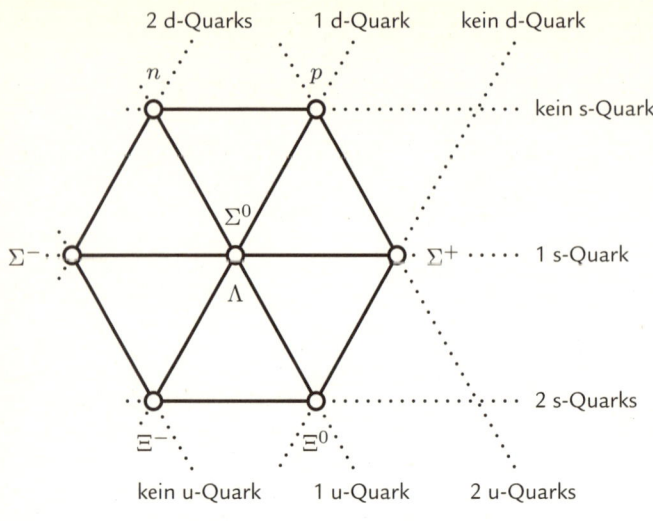

Abb. 36: Baryonisches Oktuplett

Quark. Um 1950 herum wurden jedoch Elementarteilchen entdeckt, die, wie wir heute wissen, ein weiteres Quark enthalten. Aufgrund dieses «seltsamen» Umstands nannte man es strange-Quark. An einem Beispiel ist in Abbildung 36 gezeigt, wie man mit Hilfe der Quarks Ordnung in den Elementarteilchenzoo bringen kann. Dazu beschränken wir uns auf ein Oktuplett, dessen acht Elementarteilchen aus up-, down- und strange-Quarks aufgebaut sind.

Das Sechseck, auf dem die acht Elementarteilchen angeordnet sind, wird durch die gepunkteten Linien aufgespannt, die zu der jeweils angegebenen Anzahl einer bestimmten Quarksorte gehören. So enthalten alle Elementarteilchen, die auf der gleichen horizontalen Linie liegen, die gleiche Anzahl von strange-Quarks. Aus dem Diagramm lesen wir zum Beispiel direkt ab, dass das Proton aus zwei up-Quarks und einem down-Quark besteht. Der Platz in der Mitte des Sechsecks ist von zwei Elementarteilchen belegt, dem neutralen Sigma- und dem Lambda-Teilchen. Hierbei handelt es sich um zwei verschiedene Überlagerungen von Zuständen, die aus je einem up-, down- und strange-Quark bestehen.

Das Oktuplett in Abbildung 36 enthält keine Elementarteilchen, die aus drei Quarks einer Sorte bestehen, da nur Teilchen aufgenommen sind, die insgesamt einen Spin 1/2 besitzen. Geht man zu Teilchen mit Gesamtspin 3/2 über, so sind auch Zustände mit drei gleichen Quarks möglich, deren Spins parallel stehen. Dann wird das Sechseck mit drei Ecken zu einem auf einer Spitze stehenden Dreieck ergänzt, das unter anderem das aus 3 up-Quarks bestehende, doppelt positiv geladene Delta-Teilchen, das aus 3 down-Quarks bestehende, negativ geladene Delta-Teilchen, sowie das aus 3 strange-Quarks bestehende, negativ geladene Omega-Teilchen enthält.

Das Sechseck in Abbildung 36 ist mehr als eine ästhetisch ansprechende Anordnung von Elementarteilchen in einem graphischen Schema. Hinter der Symmetrie dieser Anordnung steckt eine mathematische Symmetriegruppe, die als SU(3) bezeichnet wird und für die theoretische Beschreibung von Elementarteilchen, die aus up-, down- und strange-Quarks bestehen, eine zentrale Bedeutung einnimmt.

Wenden wir uns schließlich den Quarks zu, von denen bis jetzt kaum die Rede war, weil sie eine deutlich größere Masse besitzen. Das erste Elementarteilchen, das das charm-Quark enthält (und sogar nur aus diesem und dessen Antiteilchen besteht), wurde 1974 in zwei unabhängigen Experimenten entdeckt und trägt seither als einziges Elementarteilchen einen Doppelnamen. Es handelt sich um das J/ψ-Teilchen, das bereits 1976 Burton Richter, der ψ bevorzugte, und Samuel Chao Chung Ting, der das Teilchen J nannte, den Nobelpreis einbrachte. 1977 wurde das B-Meson entdeckt, das aus einem bottom-Quark und dessen Antiteilchen besteht. Das top-Quark schließlich zerfällt, bevor es überhaupt mit anderen Quarks ein Hadron bilden kann.

79. Sind Quarks farbig? Auf eine Eigenschaft von Quarks sind wir in der letzten Frage nicht eingegangen. Jedes der sechs Quarks kann nämlich in einer von drei Farben – rot, grün, blau – vorkommen. Allerdings handelt es sich nicht um eine Farbe im üblichen Sinne, und man sollte daher besser von einer Farbladung sprechen. Was hat es damit auf sich? Man sieht die Notwendigkeit der Farbladung ein, wenn man zum Beispiel das Omega-Teilchen betrachtet, das aus drei strange-Quarks besteht, die parallelen Spin besitzen. Daraus ergibt sich ein Problem, denn einerseits tragen Quarks einen halbzahligen Spin und sind somit Fermionen, und andererseits befinden sich alle drei im Omega-Teilchen im gleichen

Zustand. Dies verbietet jedoch das Pauli-Prinzip↑[28]. Daher müssen die drei Quarks eine weitere Eigenschaft besitzen, die sie unterscheidet und es ihnen erlaubt, sich zu einem Omega-Teilchen zusammenzutun.

Um diese formale Eigenschaft der Quarks leichter vorstellbar zu machen, nannte man sie Farbe und die damit verbundene Theorie Quantenchromodynamik. Sie fügt sich in eine Reihe von Elementarteilcheneigenschaften ein, die man als Ladungen bezeichnet. Hierzu gehört als wichtigster Vertreter natürlich die elektrische Ladung. Ein weiteres Beispiel ist die Hyperladung, die mit dem strange-Quark verknüpft ist.

Es ist allerdings keine reine Spielerei, dass man sich auf die Farbe von Quarks bezieht, denn wie sich herausstellte, dürfen Elementarteilchen nicht «farbig» sein. In einem Meson ist immer ein Quark mit einem Antiquark kombiniert. Die Farbe des Quarks wird dann durch die entsprechende Anti-Farbe aufgehoben. Bei den Baryonen dagegen müssen sich die drei Farben zu weiß kombinieren, es muss also immer ein rotes, ein grünes und ein blaues Quark vorliegen. Damit wird auch verständlich, dass Quarks wegen ihrer Farbladung nicht alleine vorkommen können.

Diese Überlegungen mögen sehr theoretisch erscheinen, aber die Farbladung lässt sich auch experimentell bestätigen. Wir betrachten als Beispiel die gegenseitige Vernichtung von Elektronen und den zugehörigen Antiteilchen, den Positronen, in einem Teilchenbeschleuniger. Dabei können über die Zwischenstufe von Quark-Antiquark-Paaren Hadronen erzeugt werden. Alternativ kann aber auch ein Myon-Antimyon-Paar erzeugt werden, wobei bei dieser Umwandlung von Leptonen in andere Leptonen keine Quarks beteiligt sind. Aus dem Verhältnis der Wahrscheinlichkeiten, mit denen diese Prozesse auftreten, kann man, wenn man die elektrischen Ladungen der Quarks kennt, die Anzahl der Quarks bestimmen. Experimentell werden die drei Quarkfamilien mit je zwei Quarks und drei verschiedenen Farben bestätigt.

80. Wie klebt man Quarks zusammen? Die Quarks in einem hadronischen Elementarteilchen werden durch die starke Wechselwirkung zusammengehalten, die durch den Austausch von Gluonen vermittelt wird. Trotz entscheidender Unterschiede, von denen in der nächsten Frage die Rede sein wird, ähnelt die Situation der elektromagnetischen Wechselwirkung, die durch den Austausch von Photonen vonstatten geht, wobei die Kopplung an die elektrische Ladung erfolgt. Bei der starken Wechselwirkung benötigt man stattdessen eine Farbladung, wie sie alle Quarks tragen. Allerdings tragen die Gluonen im Gegensatz zu dem elektrisch neutralen Photon selbst Farbladung und wechselwirken daher auch untereinander.

Anders als die Quarks tragen die Gluonen jeweils eine Farbe und eine Antifarbe und können somit bei einem Wechselwirkungsprozess die Farbe eines Quarks verändern. Nachdem es in der Quantenchromodynamik drei verschiedene Farben gibt, gibt es insgesamt neun Farbe-Antifarbe-Kombinationen. Allerdings kommt eine Kombination, genauer eine der Überlagerungen aus allen drei Kombinationen einer Farbe mit ihrer Antifarbe, nicht vor, so dass es insgesamt acht verschiedene Gluonen gibt. Hierfür ist der gleiche Typ von Symmetrie verantwortlich, der in Abbildung 36 aus drei Quarks insgesamt acht Teilchen entstehen lässt.

81. Was ist asymptotische Freiheit?

Wie wir in Frage 13 gesehen hatten, ist das Vakuum eigentlich nicht wirklich leer, sondern es kann zur Bildung virtueller Teilchen-Antiteilchen-Paare kommen. Setzen wir ein einzelnes, elektrisch geladenes Elementarteilchen ins Vakuum, so werden geladene virtuelle Teilchen und Antiteilchen von dessen elektrischem Feld beeinflusst. Betrachten wir konkret ein Elektron als Elementarteilchen in einem Vakuum von virtuellen Elektron-Positron-Paaren, so werden die virtuellen Positronen wegen ihrer entgegengesetzten Ladung eher in der Nähe des Elektrons zu finden sein als die virtuellen Elektronen. Das Vakuum wird polarisiert und damit die Ladung des Elementarteilchens teilweise abgeschirmt. Dies hat zur Konsequenz, dass man die Ladung des Elementarteilchens umso stärker spürt, je näher man ihm kommt, da dann die Abschirmung durch das Vakuum geringer wird.

Bei Quarks und Gluonen verhält es sich genau umgekehrt. Die Farbladung der Quarks wird durch eine virtuelle Gluonenwolke noch verstärkt. Infolgedessen wird die starke Wechselwirkung mit zunehmendem Abstand immer stärker. Dieser Effekt ist so drastisch, dass Quarks nicht alleine vorkommen können. Die Quarks sind also gewissermaßen eingesperrt. Versucht man mit Hilfe von großen Energiemengen ein Hadron in seine Quarkbestandteile zu zerlegen, so entstehen keine freien Quarks, sondern es werden Quark-Antiquark-

Paare gebildet, die zusammen mit den vorhandenen Quarks neue Hadronen bilden.

Umgekehrt wird die starke Wechselwirkung auf kleinen Distanzen oder, gleichbedeutend, bei sehr großen Energien immer schwächer. Die Quarks sind kaum mehr untereinander gekoppelt, man sagt, sie werden asymptotisch frei. Dieser Umstand ermöglicht es unter anderem, die Frühphase des Universums zu beschreiben, in der die Welt im Wesentlichen aus Quarks und Gluonen bestand.

82. Wie kommen die Elementarteilchen zu ihrer Masse? Auch wenn es natürlich erscheinen mag, dass die Elementarteilchen eine Masse haben, ist diese Frage sehr wichtig, denn trotz der großen Erfolge des Standardmodells der Elementarteilchen hat es ein Problem: Die Teilchen in diesem Modell müssen zunächst als masselos angenommen werden. Man vermutet, dass die Lösung mit einem Teilchen verknüpft ist, das bis jetzt noch nicht beobachtet wurde, dem sogenannten Higgs-Teilchen. Es wird allerdings erwartet, dass sich dieses Teilchen, sofern es existiert, mit dem neuen «Large Hadron Collider» in Genf nachweisen lässt.

Wenden wir uns zunächst den Austauschteilchen der elektromagnetischen und der schwachen Wechselwirkung zu, dem Photon, den zwei W-Bosonen und dem Z-Boson. Obwohl das Standardmodell die beiden Wechselwirkungen zur elektroschwachen Wechselwirkung vereinigt, ist das Photon masselos, während die drei anderen Austauschteilchen jeweils fast hundertmal schwerer als ein Proton sind. Um diesen Unterschied zu erklären, führt man ein neues Elementarteilchenfeld ein, das in dem in der Abbildung 37 gezeigten Potential lebt, das oft auch als Mexikanerhut- oder Sektflaschenpotential bezeichnet wird. Wenn wir annehmen, dass das Feld, das in der Abbildung durch die Kugel symbolisiert ist, in einem Zustand niedrigster Energie vorliegt, dann muss es sich irgendwo auf der schwarzen Linie befinden. Alle Punkte auf dieser Linie sind dabei zunächst gleichberechtigt. Während das Potential rotationssymmetrisch ist, muss das Feld sich für einen bestimmten Wert entscheiden, so, wie die Kugel in der Abbildung an einem der unendlich vielen möglichen Orte liegt. Man spricht von einer spontanen Symmetriebrechung. Vergleichbares machen auch wir immer dann, wenn wir uns unter zwei gleich guten Möglickeiten spontan für eine der beiden entscheiden.

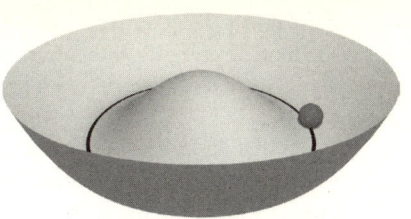

Abb. 37: Die Kugel bricht die Symmetrie im
Mexikanerhut.

Ausgehend von dem gewählten Ort kann die Kugel sich nun in
zwei Richtungen bewegen. Senkrecht zur Rinne muss Energie auf-
gewendet werden. Für ein Elementarteilchenfeld heißt dies, dass das
entsprechende Teilchen eine Masse besitzt. Dabei handelt es sich um
das gesuchte Higgs-Teilchen. In der Rinne kann man sich dagegen
ohne Energieaufwand bewegen. Das entsprechende Teilchen, ein sogenanntes Goldstone-Boson, hat keine Masse. Dieses masselose Teilchen kann nun dazu verwendet werden, den W-Bosonen und dem
Z-Boson Masse zu verschaffen. Man sagt gelegentlich, dass das Goldstone-Boson gefressen wird, wodurch die W-Bosonen und das Z-Boson schwer werden.

Auch die Fermionen, also Leptonen und Quarks, können an das
überall im Universum vorhandene Higgsfeld koppeln. Sie bewegen
sich dann nicht mehr vollkommen frei und werden ebenfalls schwer.
Damit sind die elementaren Bausteine zu ihrer Masse gekommen.
Bei den aus Quarks bestehenden Elementarteilchen, also den Mesonen und Baryonen, kommt zu der Masse der Quarks allerdings
noch ein erheblicher Masseanteil aufgrund der Wechselwirkung zwischen den Quarks hinzu.

83. Was ist die große Vereinheitlichung? Wie schon an anderer
Stelle bemerkt, liefert das Standardmodell der Elementarteilchen
eine sehr gute Beschreibung der experimentellen Daten. Dennoch
wird allgemein davon ausgegangen, dass es nicht die endgültige Theorie der Elementarteilchen darstellen kann. Ein Grund für diese Ansicht ist die Tatsache, dass das Standardmodell eine relativ große Anzahl von Parametern enthält, die aus dem Experiment bestimmt werden müssen. Es wäre viel befriedigender, wenn sich diese Parameter
aus einer grundlegenderen Theorie ergeben würden.

Ein anderer Grund folgt aus dem Umstand, dass Leptonen und Hadronen im Standardmodell getrennt voneinander auftreten. In Abbildung 36 ist gezeigt, wie man einige Baryonen im Rahmen einer Symmetrie zusammenfassen kann. Dies gelingt für die Hadronen einerseits und für die Leptonen andererseits. Daraus ergibt sich die Frage, ob sich diese beiden Gruppen von Elementarteilchen nicht auf einer gemeinsamen Basis beschreiben lassen.

In Zusammenhang damit steht die Frage nach der Vereinheitlichung der Wechselwirkungen. Im Rahmen des Standardmodells werden die elektromagnetische und die schwache Wechselwirkung zur elektroschwachen Wechselwirkung zusammengefasst. Der nächste Schritt bestünde nun darin, auch die starke Wechselwirkung hinzuzunehmen. Eine Theorie, die das leistet, wird «große vereinheitlichte Theorie» oder GUT für «grand unified theory» genannt.

Angesichts der sehr verschiedenen Stärken von schwacher, elektromagnetischer und starker Wechselwirkung mag das Ziel einer großen Vereinheitlichung nicht sehr plausibel erscheinen. Allerdings ändern sich, wie wir in Frage 81 gesehen haben, die Wechselwirkungsstärken als Funktion der Energie. Im Rahmen der Supersymmetrie, von der in der nächsten Frage die Rede sein wird, sollten sie bei 10^{16} Gigaelektronenvolt gleich groß sein. Diese Energie liegt weit jenseits dessen, was heute in Beschleunigern erreichbar ist. Kurz nach dem Urknall sollte es, abgesehen von der Gravitation, jedoch nur eine einzige Wechselwirkung gegeben haben. Aus ihr differenzierten sich im Laufe der Zeit die starke, die schwache und die elektromagnetische Wechselwirkung durch spontane Symmetriebrechung aus.

Zur Erklärung ist es sinnvoll, nochmals einen Blick auf die Abbildung 37 zu werfen. Liegt die Kugel auf der Kuppe in der Mitte des Mexikanerhuts, so steht diese Lage im Einklang mit der Rotationssymmetrie des Potentials. Diese Situation entspricht den vereinheitlichten Wechselwirkungen. Rollt die Kugel von der Kuppe herunter, so bleibt sie irgendwo in der Rinne liegen, wie dies in der Abbildung 37 zu sehen ist. Nun ist die Symmetrie gebrochen. Dieser Zustand niedrigerer Symmetrie entspricht voneinander unabhängigen Wechselwirkungen, wie wir sie heute in der Natur vorfinden.

Die große Vereinheitlichung hat eine auf den ersten Blick etwas beunruhigende Konsequenz. Normalerweise geht man davon aus, dass die Elementarteilchen, aus denen wir bestehen, also Elektron, Proton und Neutron, stabil sind. Für Neutronen gilt dies allerdings nur, wenn sie sich in einem Atomkern befinden. Die Stabilität des Protons ergibt sich automatisch aus dem Umstand, dass es sich um das leichteste Baryon handelt. Da in jedem Elementarteilchenprozess die Baryonenzahl erhalten sein muss, gibt es kein anderes Teilchen, in das das Proton zerfallen könnte.

In einer großen vereinheitlichten Theorie ist die Baryonenzahl jedoch keine Erhaltungsgröße mehr, so dass das Proton zum Beispiel in leichtere Leptonen zerfallen könnte. Allerdings sollte die Lebensdauer des Protons mindestens 10^{31} Jahre betragen. Dagegen ist das Alter des Universums mit nur etwas mehr als 10^{10} Jahren verschwindend kurz. Wir brauchen uns also keine Sorgen zu machen, dass wir plötzlich zerfallen. Zudem war aufwändigen Suchen nach dem Protonenzerfall bis jetzt kein Erfolg beschieden.

84. Was sind supersymmetrische Partner? Wenn es, wie gerade beschrieben, eine Theorie gibt, die die Wechselwirkungen bei einer sehr hohen Energie vereinheitlicht, so muss man sich wundern. Eine solche Theorie spielt sich bei Energien ab, die weit jenseits des experimentell Zugänglichen liegen. Gleichzeitig soll es möglich sein, aus ihr die Masse des Higgs-Bosons oder der W- und Z-Bosonen der elektroschwachen Wechselwirkung zu erhalten. Die zur Erzeugung dieser Teilchen erforderlichen Energien sind mit den aktuellen Beschleunigern erreichbar. Dazwischen liegen 13 Größenordnungen. Ein Blick auf die Abbildung 4 zeigt, was das in einem Längenverhältnis ausgedrückt bedeutet, nämlich etwa den Unterschied zwischen der Größe eines Menschen und dem Durchmesser des Sonnensystems.

Den Physikern kommt diese Diskrepanz verdächtig vor, und sie sprechen vom Hierarchieproblem. Die Situation ist ähnlich suspekt wie ein Finanzminister, der angesichts von Billionenschulden nicht über Milliardeneinsparungen redet, sondern über einzelne Euro. Aus der Sicht einer großen vereinheitlichten Theorie, in der nur sehr große Energien vorkommen, müssten sich zwei solche großen Energien zufällig beinahe gegenseitig kompensieren, um die sehr kleine Masse des Higgs-Teilchen zu erhalten. Es scheint jedoch plausibler, dass dies kein Zufall ist, sondern durch eine neue Theorie erklärt werden kann, die Supersymmetrie.

Abbildung 36 stellt die Verknüpfung verschiedener Elementarteilchen über eine Symmetrie dar. Alle Mitglieder dieses Oktupletts sind

Fermionen. Die zugrunde liegende Symmetrie erlaubt es nicht, eine Verbindung zu Bosonen herzustellen, die sich von den Fermionen auf grundlegende Weise unterscheiden ↑[28]. Die Supersymmetrie verknüpft nun Fermionen mit Bosonen. Dies hat zur Folge, dass der Elementarteilchenzoo verdoppelt wird. Zu jedem Teilchen gibt es einen supersymmetrischen Partner, ein sogenanntes «Steilchen». So gibt es zum Elektron ein Selektron, zum Neutrino ein Sneutrino usw., wobei Elektron und Neutrino Fermionen sind, Selektron und Sneutrino dagegen Bosonen. Genauso besitzen die Bosonen fermionische supersymmetrische Partner. Zum Photon gibt es in dieser Theorie das Photino, zum W-Boson und zum Z-Boson das Wino bzw. das Zino. Allerdings ist bis jetzt kein einziges dieser Teilchen in Experimenten beobachtet worden. Ob die Supersymmetrie etwas mit der Wirklichkeit zu tun hat, ist also noch nicht klar.

Es gibt allerdings eine Reihe von Problemen, die mit Hilfe einer supersymmetrischen Theorie gelöst werden könnten. Hierzu gehört das eingangs genannte Hierarchieproblem. Das unterschiedliche Verhalten von Fermionen und Bosonen unter Teilchenvertauschung führt zu Energiebeiträgen mit unterschiedlichen Vorzeichen. Somit erklärt sich in natürlicher Weise, dass sich große Energien gegenseitig nahezu wegheben können.

Auch ein Problem der Kosmologie, die Existenz von dunkler Materie ↑[91], könnte seine Erklärung in der Supersymmetrie finden. Wenn das leichteste supersymmetrische Teilchen nach seiner Entstehung im Urknall in hinreichender Anzahl überlebt hat, könnte die dunkle Materie hieraus bestehen. Des Weiteren könnte die Supersymmetrie zum Beispiel bei der Erklärung der Asymmetrie zwischen Materie und Antimaterie im Universum und bei der Symmetriebrechung im Higgs-Modell nützlich sein. Nicht zuletzt spielt sie auch bei der Konstruktion von Theorien für eine Quantengravitation ↑[94] eine wichtige Rolle.

Aus theoretischer Sicht wäre die Existenz der Supersymmetrie also sehr wünschenswert. Es muss sich allerdings erst noch zeigen, ob sich bei den uns zugänglichen Energien experimentelle Belege, zum Beispiel in Form der Entdeckung eines supersymmetrischen Partners, finden lassen.

Kosmologie

85. Gab es einen Urknall? Es spricht eine ganze Menge dafür. Die Urknalltheorie wurde von Georges Lemaître, einem belgischen Physiker und Priester, um 1930 begründet, der sich das Universum aus einem Uratom entstanden vorstellte. Von Kritikern wurde seine Vision eher abschätzig als «Big Bang» (Großer Knall) bezeichnet, aus dem dann später der Name Urknall wurde. Die Theorie ist seitdem weiterentwickelt worden, um neuen Beobachtungen und Erkenntnissen Rechnung zu tragen.

Als Urknall bezeichnet man die Entstehung des gesamten Universums, das heißt Raum, Zeit und Materie, aus einer punktförmigen Singularität unter extremen Bedingungen. Der Urknall fand also überall gleichzeitig statt, da jeder einzelne Punkt des Universums beim Urknall entstanden ist. Auch von Zeit kann man erst beim Urknall selbst sprechen. Für das was vorher war, falls diese Formulierung überhaupt sinnvoll ist, haben wir kein physikalisches Konzept. Der Urknall ist also keine Explosion, bei der sich etwas in einen bereits bestehenden Raum hinein ausdehnt. Vielmehr hat sich das Universum aus einem winzig kleinen, praktisch punktförmigen Gebilde entwickelt. Um diesen Anfangszustand und die unmittelbar nachfolgende Entwicklung zu beschreiben, braucht man eine Quantengravitation, wie in Frage 94 näher erläutert wird.

Nach dem eigentlichen Urknall dehnte sich das Universum bis heute weiter aus. Diese Expansion lässt sich durch Messungen der Rotverschiebung von Strahlung nachweisen, die wir von entfernten Galaxien↑[69] empfangen. Eine weitere Untermauerung der Urknalltheorie liefert die Existenz der Hintergrundstrahlung, die als Relikt des ursprünglichen, sehr heißen und dichten Universums gilt und sich gleichmäßig über das ganze Universum verteilt. Darüber hinaus gibt es noch weitere Argumente für den Urknall, wie zum Beispiel die Häufigkeitsverteilung der chemischen Elemente vor der Sternenbildung.

86. Wie alt ist das Universum? Das Licht von fernen Galaxien kommt mit endlicher Geschwindigkeit zur Erde. Wir empfangen es also erst lange Zeit nach seiner Aussendung. Daher ist ein Blick in die Sterne in gewisser Weise ein Blick in die Vergangenheit. Aus diesem Grund argumentierte bereits 1826 der Astronom Heinrich Wilhelm Olbers, dass das Universum nicht unendlich alt sein könne. Andernfalls, so Olbers, müsste man am Nachthimmel in jeder beliebigen Richtung einen Stern sehen, da das Licht selbst von den entlegensten Sternen genügend Zeit gehabt hätte, zu uns zu gelangen. Der Nachthimmel müsste uns demnach ganz entgegen unserer Erfahrung hell erscheinen. Diese Argumentation ist allerdings nach der Relativitätstheorie nicht mehr richtig, denn durch die Gravitationsrotverschiebung kann sichtbares Licht in einen Frequenzbereich verschoben werden, den wir mit dem Auge nicht mehr wahrnehmen können. Außerdem haben Sterne auch nur eine begrenzte Lebensdauer.

Der Begriff des Alters des Universums ist etwas vage, da wir nicht mit letzter Gewissheit sagen können, wie das Universum entstanden ist. Die heute schlüssigste Theorie ist die Urknalltheorie. Dann ist das Alter des Universums die Zeitspanne vom Urknall bis heute. Man kann es aus der Expansionsbewegung des aktuellen Universums bestimmen, und zwar durch Geschwindigkeits- und Entfernungsmessungen von Galaxien. Nach dem hubbleschen Gesetz, welches wir in Frage 69 vorstellen, bewegen sich alle Galaxien ständig voneinander weg, und zwar umso schneller, je weiter sie voneinander entfernt sind.

Aus der Rotverschiebung↑[69] können Astronomen die Geschwindigkeit von Galaxien berechnen. Deren Entfernung lässt sich zum Beispiel aus Helligkeitsänderungen von Sternen ermitteln. Diese treten bei bestimmten Sternen wie den Cepheiden regelmäßig auf und hängen direkt mit der Sterngröße zusammen. Vergleicht man nun die tatsächlich abgestrahlte Energie mit dem Bruchteil der Energie, den wir als Strahlung empfangen, kann man auf die Distanz des Sterns zurückschließen. Je weiter er weg ist, umso weniger Strahlung kommt bei uns an. Aus Entfernung und Geschwindigkeit der Galaxie kann nun das Alter des Universums für ein gegebenes kosmologisches Modell bestimmt werden.

Selbst für sehr weit entfernte Galaxien können Astronomen noch Geschwindigkeits- und Entfernungsmessungen in ähnlicher Weise wie gerade beschrieben durchführen. Die besten Kandidaten hierfür sind bestimmte Arten von Supernova-Explosionen↑[64], bei denen die Freisetzung von Energie durch thermonukleare Reaktionen genau berechnet werden kann. Je tiefer man in das Weltall blickt, umso weiter blickt man in die Geschichte des Universums zurück und kann so zumindest einen Teil seiner Expansionsgeschichte rekonstruieren.

Eine weitere Möglichkeit zur Bestimmung des Alters des Universums, auf die wir hier aber nicht näher eingehen wollen, besteht darin, das Alter der ältesten Sterne abzuschätzen. Die derzeit präzisesten Informationen über das Alter des Universums erhalten wir von der amerikanischen Raumsonde WMAP, der «Wilkinson Microwave Anisotropy Probe», die die Hintergrundstrahlung mit großer Genauigkeit aufzeichnet.

Was ist aber nun das Alter des Universums? Aus all den eben beschriebenen Messungen ergibt sich ein Alter von etwa 13,7 Milliarden Jahren, etwa dreimal so viel wie das Alter unseres Sonnensystems.

87. Wie kann man etwas über das frühe Universum wissen?

Man nimmt an, dass sehr bald nach dem Urknall eine Vielzahl von Elementarteilchen entstanden ist. Diese befanden sich zunächst in einem extrem heißen und dichten Gas, einem sogenannten Plasma, in dem Atomkerne und Elektronen getrennt waren und das Licht durch unzählige Streuprozesse eingeschlossen war. Dieses Plasma dehnte sich nun im Laufe der Zeit aus. Dabei verlor es an Dichte, es kühlte sich ab, und es bildeten sich elektrisch neutrale Atome. Damit wurde das Plasma durchsichtig, und Licht konnte sich ausbreiten. Man kann sich das so ähnlich vorstellen, als ob man durch eine Nebelwolke fährt. Im Nebel wird das Licht sehr oft gestreut, und man kann nicht weit sehen. Lichtet sich der Nebel, so hat das Licht wieder freie Bahn, und man kann weit sehen. Die Photonen, die aus der Zeit stammen, zu der sich die Strahlung von der Materie im Universum abgekoppelt hat und die sich seitdem mehr oder minder ungestört im Weltall ausbreiten, nennt man Hintergrundstrahlung. Sie wird in der nächsten Frage genauer besprochen. Mit ihrer Hilfe kann man eine ganze Reihe von Eigenschaften des frühen Universums detailliert untersuchen.

Nun wissen wir, dass Photonen stärker mit Materie wechselwirken als Neutrinos und Gravitonen, da die elektromagnetische Wechselwirkung, deren Austauschteilchen das Photon ist, stärker als die schwache Wechselwirkung und die Gravitation ist↑[73]. Photonen blieben also im frühen Universum länger an Materie gekoppelt als Neutrinos und Gravitonen. Umgekehrt bedeutet das, dass Beobachtungen von Gravitonen und Neutrinos aus jener Zeit Aufschluss über das ganz frühe Universum geben.

Neutrinos, die kurz nach dem Urknall entstanden sind, hätten sich bald von der Materie abgekoppelt und würden seitdem durch das sich ausdehnende Universum reisen. Nach theoretischen Vorhersagen bilden sie eine kosmische Neutrinostrahlung mit einer Temperatur von knapp 2 Kelvin. Bisher hat man sie jedoch noch nicht nachweisen können.

Am schwächsten mit Materie wechselwirken die Gravitonen, die sich in Form von bisher noch unentdeckten Gravitationswellen ausbreiten↑[66]. Im Gegensatz zu Gravitationswellen von bekannten Quellen, wie zum Beispiel Pulsaren, die uns aus einer bestimmten Richtung treffen, erwartet man diese Gravitationswellen in ungeordneter Form aus allen Richtungen. Von diesen sogenannten stochastischen Gravitationswellen erhofft man sich neue Erkenntnisse über das ganz frühe Universum. Allerdings liegen ihre Frequenzen so niedrig, dass nur das geplante Weltrauminterferometer LISA eine Chance haben könnte, diese Wellen zu beobachten.

Aber auch heute kann man schon viel über das frühe Universum lernen, und zwar in Teilchenbeschleunigern↑[75]. In diesen werden Energien erzeugt, die denen des frühen Universums entsprechen. Auf diesem Wege kann man untersuchen, wie sich Materie unter extremen Bedingungen verhält, und die Physik des frühen Universums studieren.

88. Was hat es mit der Hintergrundstrahlung auf sich? Im Jahr 1965 versuchten zwei Physiker bei den Bell Telephone Laboratories in den USA mit einer großen Radioantenne, die interkontinentale Übertragung von Signalen zu verbessern. Dabei fanden sie ein gleichbleibendes Signal im Mikrowellenbereich, das sich für ihre Untersuchungen als störend erwies und sie sich über ein Jahr lang nicht erklären konnten. Aus diesem ursprünglichen Hindernis wurde plötzlich eine wichtige Entdeckung, als die beiden Forscher, Arno Penzias und Robert Wilson, von der Vorhersage einer kosmischen Hintergrundstrahlung im Mikrowellenbereich erfuhren. Es stellte sich schnell heraus, dass sie zufällig über diese seit den 1940er Jahren vorhergesagte Strahlung gestolpert waren und eine großartige Entdeckung gemacht hatten, für die sie 1978 den Nobelpreis für Physik erhalten haben.

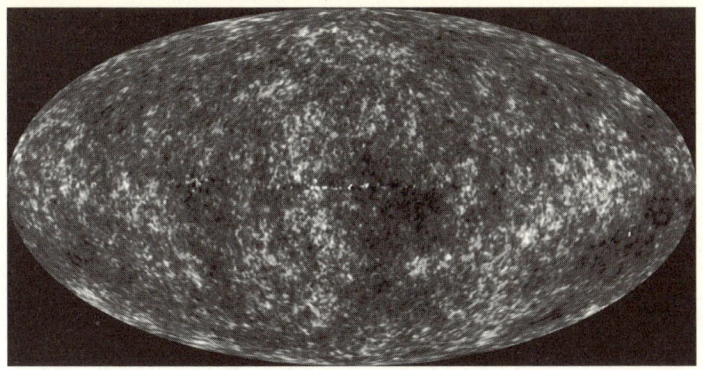

Abb. 38: Die Temperatur der kosmischen Hintergrundstrahlung schwankt leicht (Schwarz-Weiß-Bearbeitung einer Farbabbildung des NASA/WMAP Science Team).

Die Hintergrundstrahlung stammt aus einer Zeit, als das Universum etwa 300 000 Jahre alt war. Sie ist das heute noch sichtbare Überbleibsel der Strahlung, die zu diesem Zeitpunkt von der Materie abkoppelte und sich seitdem relativ ungestört im Weltraum ausbreiten kann. Das Universum hatte damals eine Temperatur von etwa 3000 Kelvin ↑4, also etwa die Hälfte der Oberflächentemperatur der Sonne. Da bis dahin die Strahlung ständig mit der Materie in Wechselwirkung stand, hatten beide dieselbe Temperatur. Seit ihrer Abkopplung bewegt sich die Hintergrundstrahlung ungestört durch das All, und ihre Temperatur verändert sich nur aufgrund der Expansion des Universums. Die dadurch verursachte Rotverschiebung verringert die Frequenz der Hintergrundstrahlung und damit deren Energie. Infolgedessen hat auch ihre Temperatur im Laufe der Zeit abgenommen. Heute, mehr als 13 Milliarden Jahre später, hat die Hintergrundstrahlung nur noch eine Temperatur von 2,725 Kelvin. Wir empfangen dieses Relikt nur als allgegenwärtiges Rauschen bei jeder anderen Strahlungsmessung, was auch ihren Namen erklärt.

Messungen des Spektrums der Hintergrundstrahlung haben ergeben, dass diese einer fast perfekten Schwarzkörperstrahlung entspricht ↑11, so dass man ihr tatsächlich eine Temperatur zuordnen kann. Diese Tatsache ist eines der wichtigsten Argumente für die Urknallhypothese. Die genauesten Messungen der Temperaturschwankungen der Hintergrundstrahlung stammen zurzeit von der NASA-

Raumsonde WMAP. Diese kann sogar Temperaturunterschiede von winzigen 20 Mikrokelvin registrieren und erlaubt es damit, vielfältige Aspekte unserer Vorstellungen über die Natur des Universums zu überprüfen. Abbildung 38 basiert auf Daten, die WMAP im Laufe von fünf Jahren gesammelt hat. Die Mikrowellenstrahlung unserer Milchstraße, die in einem Band entlang des Äquators beobachtet werden kann, wurde hier abgezogen. Die Temperatur an den schwarzen und weißen Punkten liegt nur zwei Zehntausendstel Kelvin unter bzw. über der mittleren Temperatur von 2,725 Kelvin.

89. Warum wollte Einstein eine kosmologische Konstante? Der

Grund ist ganz einfach: Er konnte sich 1916 zunächst nicht vorstellen, in einem dynamischen Universum zu leben. Wir wollen das im Folgenden etwas näher erläutern. Einstein suchte eine Gleichung, die unser gesamtes Universum beschreibt. Im Jahr 1916 schrieb er die später nach ihm benannte Einsteingleichung auf, die einen Zusammenhang zwischen der Raumzeitkrümmung und der Energie im Universum herstellt. Bei der Lösung seiner Gleichung bemerkte er, dass sie für das Universum keine statische Lösung zulässt. Danach wäre nur ein Universum möglich, das sich ausdehnt oder zusammenfällt.

Dieses Ergebnis leuchtet ein, wenn man bedenkt, dass in der Einsteingleichung Materie und Energie nur aufgrund von Gravitation wechselwirken. Die Gravitation zwischen zwei Körpern ist aber immer anziehend, und so existieren in einem solchen Universum nur anziehende Kräfte. In einem sich ausdehnenden Universum hängt es von der Dichte der vorhandenen Massen ab, ob diese Anziehung überwunden werden kann oder nicht.

Damit war Einstein nicht zufrieden, da dieses Ergebnis offenbar allen Beobachtungen widersprach. Wir sehen ja in der Tat unseren Nachthimmel nicht auf uns zu- oder von uns wegfliegen. So war damals die allgemeine Ansicht, dass unser Universum statisch sei. Also ergänzte Einstein die bestehende Gleichung um einen Term, die sogenannte kosmologische Konstante, die ein statisches Universum erlaubt. Als nun Edwin Hubble 1929 die kosmologische Rotverschiebung entdeckte und damit klar wurde, dass sich das Universum tatsächlich ausdehnt, verwarf Einstein die kosmologische Konstante.

Heute ist sie allerdings wieder im Rennen. Neue Messungen der Rotverschiebung von Supernovae haben ergeben, dass sich das Universum heute schneller ausdehnt als das früher der Fall war. Ein solches Verhalten wäre sehr gut durch eine kosmologische Konstante zu erklären. Es wird unter anderem diskutiert, ob die kosmologische Konstante vielleicht mit den Vakuumfluktuationen↑[13] im Zusammenhang steht. Wenn man jedoch die Vakuumenergiedichte abschätzt, ergibt sich eine Diskrepanz von 10^{120} mit den astronomischen Beobachtungen, wohl die größte Zahl, die in der Physik eine Rolle spielt. Hier gibt es offenbar noch einiges zu verstehen …

90. Was ist das kosmologische Prinzip? Nach dem kosmologischen Prinzip ist das Universum, etwas lax gesagt, im Wesentlichen überall dasselbe. «Das kann ja nicht sein», kommt vielleicht sofort der durchaus berechtigte Einwand. «Wir leben auf der Erde, und um uns herum ist das Weltall. Beide sind eindeutig nicht dasselbe.» Das ist richtig, allerdings nur in unserem Erdmaßstab. Betrachtet man dagegen das Universum auf Längenskalen von 100 Millionen Lichtjahren, also etwa 10^{21} Kilometern, dann ähnelt es eher einer nicht sehr dichten Staubwolke. Zwischen zwei Staubteilchen ist viel Leere. Im Universum ist die Situation vergleichbar: Zwischen zwei Galaxienhaufen befindet sich im Wesentlichen leerer Raum.

Genauer gesagt bedeutet das kosmologische Prinzip, dass das Universum auf großen Distanzen homogen und isotrop ist. Homogen bedeutet ohne Klumpen. Zum Beispiel ist eine Vinaigrette zunächst einmal nicht homogen, da sich das Öl vom wasserlöslichen Essig abscheidet. Schüttelt man dagegen die Vinaigrette kräftig durch, so bilden sich feine Essigtröpfchen, die sich gleichmäßig im Öl verteilen. Betrachtet man das Gemisch auf einer Skala, die größer ist als die winzigen Essigtröpfchen, so ist es homogenisiert. Isotrop heißt ein Gebilde, wenn es für einen Beobachter in allen Raumrichtungen gleich aussieht. Sitzt man zum Beispiel im Inneren eines Ballons, so erscheint dieser völlig isotrop.

Zurück zum Universum: Dieses stellt sich also für einen Beobachter in allen Richtungen gleich dar, und die Materie ist in ihm gleichmäßig über große Entfernungen verteilt. Für uns Menschen folgt daraus, dass die Erde keinen besonderen Platz im Universum einnimmt. Wie schon Kopernikus feststellte, besitzt das Universum kein Zentrum. In der Wissenschaft stellt das kosmologische Prinzip die Basis für die kosmologischen Modelle dar.

91. Woraus besteht das Universum? Zunächst besteht unser Universum natürlich aus dem, was wir direkt sehen und beobachten können, also aus sichtbarer Materie. Elementarteilchen, Atome und Moleküle können alle auf die eine oder andere Art sichtbar gemacht werden, wenn auch nicht für das bloße Auge. Die sichtbare Materie ist zu einem großen Teil in Galaxien angeordnet, wobei eine Galaxie typischerweise 10^{11} Sterne enthält. Das Universum beherbergt seinerseits auch etwa 10^{11} Galaxien, jedenfalls in dem für unsere Beobachtungen zugänglichen Teil. Würden wir diese Galaxien nun gleichmäßig über das Universum verteilen, so fänden wir einen fast leeren Raum. Die sichtbare Materiedichte ist nämlich so klein, dass sie im Mittel nur etwa ein Proton pro Kubikmeter ergeben würde. Abgesehen von Materie enthält das Universum auch noch masselose Photonen, die wegen der Äquivalenz von Energie und Masse↑[56] mit ihrer Energie beitragen. Zusammen machen bekannte Materie und Strahlung jedoch nur etwa 4 % des Energie- und Masseinhalts des Universums aus.

Es gibt verschiedene Hinweise darauf, dass das Universum zum großen Teil aus nicht sichtbarer, dunkler Materie bestehen könnte. Ein prägnantes Beispiel für einen solchen Hinweis, welches hier näher diskutiert werden soll, liefern die sogenannten Spiralgalaxien. Es handelt sich dabei um Ansammlungen von Sternen und Staub, die um ein kugelförmiges Zentrum rotieren. Sie ordnen sich in einer Diskusform an, von dessen Mitte sich helle Spiralen nach außen gebildet haben, woher auch der Name dieser Galaxien stammt. Man kann nun mit Hilfe des Dopplereffekts↑[57] die Rotationsgeschwindigkeit von Bestandteilen der Diskusscheibe messen. Damit eine Spiralgalaxie stabil bleibt und weder in sich zusammenfällt noch auseinanderfliegt, müssen sich die Gravitation und die Zentrifugalkraft, die aufgrund der Rotation auftritt, die Waage halten. Nun ist der Großteil der Masse einer Spiralgalaxie in ihrem Zentrum und im Inneren der Diskusscheibe konzentriert. Daraus ergibt sich, dass die Rotationsgeschwindigkeit zum Rand der Diskusscheibe hin immer weiter abnehmen müsste. Das ist aber nicht der Fall. Ganz im Gegenteil bleibt die Rotationsgeschwindigkeit auch noch sehr weit weg vom Diskus konstant, als ob ein Ring aus dunkler Materie um den Diskus herumgelegt sei.

Während sich dunkle *Materie*, wie sichtbare Materie auch, an bestimmten Orten konzentriert, ist die dunkle *Energie* gleichmäßig im

Universum verteilt. Sie soll für die Beschleunigung der Ausdehnung des Universums verantwortlich sein. Ohne dunkle Energie würde man erwarten, dass sich das Universum im Laufe der Zeit wegen der in ihm enthaltenen Massen und deren Anziehung immer langsamer ausdehnt. Das ist aber nicht der Fall, wie Messungen der Ausdehnungsgeschwindigkeit des Universums durch Beobachtungen von Supernovaexplosionen ergeben haben.

Dunkle Materie und dunkle Energie machen je etwa 23 % bzw. 73 % des Universums aus. Wir kennen demnach also nur etwa 4 % der Zusammensetzung des Universums. Es wird viel über den möglichen Ursprung dunkler Materie und dunkler Energie diskutiert. Zum Beispiel könnte das Vakuum verantwortlich für die dunkle Energie sein. Andere Hypothesen sind kalte Gase und Staubwolken, die keine Strahlung emittieren, so exotische Naturen wie MACHOs, die wir hier aber nicht vorstellen wollen, oder sogar neue, noch unentdeckte Elementarteilchen. In jedem Fall stellen die fehlende Materie und Energie zentrale Probleme der modernen Kosmologie dar.

92. Gibt es noch andere Planeten? Die Planeten unseres Sonnensystems, Merkur, Venus, Erde, Mars, Jupiter, Saturn, Uranus und Neptun, sind uns wohl bekannt. Pluto zählt aufgrund seiner mangelnden Größe seit dem Jahr 2006 nicht mehr zu den Planeten, sondern zu den Zwergplaneten, zusammen mit den Himmelskörpern Ceres und Eris. Tatsächlich war es die Entdeckung von Eris, der größer als Pluto ist, die zu einer neuen Definition des Planetenbegriffs geführt hat. So zählt unser Sonnensystem acht Planeten und mindestens drei Zwergplaneten. Sie alle haben gemeinsam, dass sie um die Sonne kreisen.

Es gibt aber auch Planeten außerhalb unseres Sonnensystems, die also nicht um die Sonne, sondern um einen anderen Stern kreisen. Ihr Nachweis ist schwierig, da man sie auch heute mit Teleskopen noch nicht direkt sehen kann. Im Vergleich zu dem viel helleren Stern, den sie umkreisen, senden sie nämlich nur sehr wenig Licht aus und werden von jenem überstrahlt. Sie können bisher nur indirekt durch ihre Wirkung auf den Stern nachgewiesen werden. Zum Beispiel beeinflusst die Gravitation eines solchen Exoplaneten auch die Bahn des Sterns. Solche Änderungen können als Dopplerverschiebungen↑[57] der Frequenzen im Spektrum des Sternenlichts gemessen werden. Von diesen Exoplaneten kennen die Wissenschaftler heute eine Vielzahl. Sie werden auch Planemos, für «planetary mass object», genannt, da die Bezeichnung «Planet» für die Erde und ihre sieben Begleiter reserviert ist.

Während die ersten Exoplaneten bereits 1992 entdeckt wurden – sie umkreisen einen Pulsar –, sind für uns Menschen besonders diejenigen Exoplaneten interessant, die einen sonnenähnlichen Stern umkreisen. Da solche Konstellationen prinzipiell unserer Erde ähnlich sein könnten, stellt sich die Frage, ob auf diesen Exoplaneten Leben möglich wäre. Der erste Vertreter dieser besonderen Gattung wurde 1995 von einer Forschungsgruppe der Universität Genf entdeckt. Er ist etwa halb so schwer wie Jupiter und kreist um den Stern Pegasus 51, der 50 Lichtjahre von der Erde entfernt ist. Da er Pegasus 51 in wesentlich kleinerer Entfernung umkreist als die Erde die Sonne, ist seine Temperatur deutlich höher als unsere Erdtemperatur. Forscher haben sie auf etwa 1250 Kelvin geschätzt. Auch in seiner Zusammensetzung ähnelt er wahrscheinlich eher Jupiter als der Erde. Bis heute kennen Astronomen über 200 Exoplaneten, aber die Suche geht kontinuierlich weiter.

Quantengravitation

93. Was sind die Planckeinheiten? Die Planckeinheiten sind Kombinationen aus drei fundamentalen Naturkonstanten↑[6]: der Gravitationskonstanten G, die alle Gravitationsphänomene charakterisiert, der Lichtgeschwindigkeit c, die in der Relativitätstheorie unabdingbar ist, und der planckschen Konstanten h, die alle quantenmechanischen Vorgänge beschreibt. Aus diesen drei Naturkonstanten kann man nun interessanterweise auf genau eine einzige Art eine Zeit, eine Länge und eine Masse bilden.

Die sogenannte Plancklänge beträgt $1,6 \cdot 10^{-35}$ Meter. Die Planckzeit kann man aus der Plancklänge leicht erhalten, indem man sie durch die Lichtgeschwindigkeit teilt. Sie beträgt nur $5,39 \cdot 10^{-44}$ Sekunden, ist also unvorstellbar kurz. Dagegen hat die Planckenergie einen Wert von 10^{19} Gigaelektronenvolt, ist also noch tausendmal größer als die Energie, bei der die elektromagnetische, schwache und starke Wechselwirkung gleich groß werden↑[83]. Aussagekräftiger als die Planckenergie ist vielleicht die Planckmasse, da wir für Massen ein besseres Gefühl haben als für Energien. Man erhält sie aus der Einsteinformel $E = mc^2 \uparrow 56$. Überraschenderweise ist der Wert, den wir so erhalten, gar nicht exotisch: Die Planckmasse beträgt 22 Mikrogramm, also etwa zwei Hundertstel eines Milligramms! Richard Feynman hat dieser Wert dazu angeregt, sich zu fragen, ob diese Masse vielleicht eine natürliche Grenze zwischen makroskopischer und mikroskopischer Welt, also auch zwischen klassischer Physik und Quantenphysik, darstellt.

Für die Quantengravitation, die wir in der nächsten Frage kurz behandeln, ist auch die Planckdichte interessant. Ihr Wert ist unvorstellbar hoch: etwa $5 \cdot 10^{93}$ Gramm pro Kubikzentimeter.

94. Warum brauchen wir eine Quantengravitation? Bei den Fragen zur allgemeinen Relativitätstheorie war nie von der Quantentheorie die Rede. Die Relativitätstheorie ist eine klassische Theorie, und mit ihr lässt sich die Gravitation in unserer Welt sehr gut beschreiben. So ist die Gültigkeit des Gravitationsgesetzes auf Längenskalen von einigen zehn Mikrometern bis hinauf zu 10^{15} Metern gesichert. Wozu brauchen wir also eine Quantenversion der allgemeinen Relativitätstheorie, eine Quantengravitation?

Wir leben in einer Welt, wo wir weder mit extrem hohen Materiedichten noch mit extrem hohen Temperaturen, kurzen Zeiten oder Längen zu tun haben. Tatsächlich sind unsere Zeit- und Längenskalen um viele Zehnerpotenzen größer als die Planckzeit und die Plancklänge, wohingegen die relevanten Energie- und Dichteskalen viel kleiner als die entsprechenden Planckeinheiten sind. Das, was uns auf unserer Erde bereits extrem vorkommen kann, wird auf der Skala des Universums weit übertroffen. So besitzen schwarze Löcher $\uparrow 64$ eine riesengroße Masse auf sehr kleinem Raum und weisen daher unvorstellbar große Dichten auf. In schwarzen Löchern können physikalische Vorgänge auf der Skala der Planckeinheiten ablaufen, auf der die klassische Relativitätstheorie zusammenbricht. Hier lassen sich Quantenfluktuation der Raumzeit nicht mehr vernachlässigen.

Eine weitere Situation, die nur mit einer Quantengravitation beschrieben werden kann, ist der Urknall $\uparrow 85$. Nach der Urknalltheorie sind Raum, Zeit und Materie gleichzeitig unter extremen Bedingungen entstanden. Da auch die Raumzeit erst mit dem Urknall zu existieren beginnt, lässt sich der Urknall mit der klassischen Relativitätstheorie nicht beschreiben. Die Entstehung des Universums aus einem Gebilde, das kleiner als die Plancklänge ist, macht zu ihrer Beschreibung eine Quantengravitation erforderlich.

95. Wie viele Dimensionen hat die Welt? Diese Frage ist gar nicht so einfach zu beantworten. Unsere Alltagserfahrung sagt uns, dass der Raum, in dem wir uns bewegen, dreidimensional ist. Wir können uns nach oben und unten, nach links und rechts sowie nach vorne und hinten bewegen. Und das ist auch gut so, denn nur in drei Dimensionen lässt die unser Weltall bestimmende Physik zum Beispiel die Existenz stabiler Sonnensysteme zu.

Zu den drei Raumdimensionen kommt die Zeit als vierte Dimension hinzu, die sich jedoch insofern vom Raum unterscheidet, als man sich in der Zeit nicht rückwärts bewegen kann. Dennoch werden Raum und Zeit in der speziellen Relativitätstheorie zur vierdimensionalen Raumzeit zusammengefasst. So ist es möglich, dass aufgrund einer Bewegung im Raum die Zeit langsamer zu laufen scheint↑[53].

Bereits in den 1920er Jahren versuchten Theodor Kaluza und Oskar Klein, mit Hilfe einer fünfdimensionalen Theorie die Gravitation und die elektromagnetische Wechselwirkung auf eine gemeinsame Grundlage zu stellen. Sie verwendeten zusätzlich zur Zeit vier Raumdimensionen. Wieso kann ein so offensichtlicher Widerspruch zur Erfahrung einen sinnvollen Ansatz darstellen? Es ist denkbar, dass es neben den ausgedehnten drei Raumdimensionen noch zusätzliche zusammengerollte Dimensionen geben kann. An einem Haar lässt sich dies verdeutlichen. Auf den ersten Blick könnte man es für ein eindimensionales Objekt halten. Allerdings hat das Haar einen endlichen Durchmesser und infolgedessen auch einen endlichen Umfang, so dass die Oberfläche des Haares in Wirklichkeit zweidimensional ist. Es ist nun vorstellbar, dass es solche zusammengerollten Dimensionen auf sehr kleinen Längenskalen, etwa der Plancklänge, gibt, die für uns nicht ohne Weiteres zugänglich sind.

Die heute viel diskutierten Superstringtheorien benötigen eine zehndimensionale Raumzeit. Die verschiedenen Varianten lassen sich durch die sogenannte M-Theorie in elf Dimensionen miteinander in Verbindung bringen. Die zuerst entwickelte bosonische Stringtheorie benötigte insgesamt sogar 26 Dimensionen.

Bis jetzt gibt es allerdings noch keine experimentellen Hinweise auf zusätzliche Dimensionen.

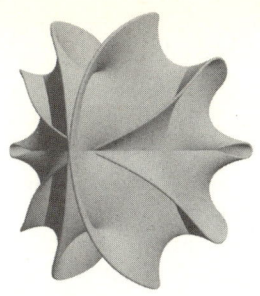

Abb. 39: Zweidimensionale Darstellung einer sechsdimensionalen Calabi-Yau-Fläche, die zusätzliche Dimensionen zu den vier Raumzeit-Dimensionen beschreiben könnte.

96. Hängt die Welt voller Saiten? Im Standardmodell der Elementarteilchen hat man versucht, so weit wie möglich zu den kleinsten Strukturen vorzudringen. So ist das Elektron nach allem, was wir wissen, punktförmig. Dagegen hat das Proton eine innere Struktur, und tatsächlich ist es nach dem Standardmodell aus drei Quarks zusammengesetzt, die wiederum durch Gluonen zusammengehalten werden. So ergibt sich eine ganze Reihe von fundamentalen Teilchen, die in Abbildung 34 aufgelistet sind, und die keine innere Struktur haben sollten.

Die Situation stellt sich in der Stringtheorie, die den Anspruch erhebt, eine fundamentale Theorie zu sein und alle Wechselwirkungen inklusive der Gravitation zu beschreiben, anders dar. Dort verhalten sich die fundamentalen Objekte wie kleine Saiten (englisch «string»). Je nach Theorie können diese geschlossen wie ein kleiner Gummiring oder offen wie ein gerissener Gummiring sein. Alle Saiten haben die gleiche Spannung. Dabei handelt es sich um den einzigen freien Parameter in der Theorie, ganz im Gegensatz zum Standardmodell mit seinen etwa zwanzig Parametern. Auch wenn der genaue Wert der Saitenspannung nicht bekannt ist, ist er so riesig, dass sich die Saiten auf kleinste Längen, nämlich etwa die Plancklänge, zusammenziehen.

Diese Saiten können nun zu Schwingungen angeregt werden, ähnlich wie dies in Abbildung 6 für eingespannte Saiten gezeigt ist. Die verschiedenen Schwingungsarten einer Saite entsprechen dann verschiedenen Elementarteilchen mit ihrer Masse, Ladung und anderen Eigenschaften. Aus den Eigenschaften der Saite ergeben sich also die möglichen Elementarteilchen, wobei hierzu auch das Graviton gehört, das als Austauschteilchen die Gravitation vermittelt.

Dies ist jedoch nicht so einfach wie es vielleicht klingt, denn es zeigt sich, dass die heute diskutierte Superstringtheorie, die die Supersymmetrie beinhaltet↑[84], eine zehndimensionale Raumzeit erfordert. Die hierfür benötigte Mathematik hält viele Herausforderungen bereit. Zudem können die sechs eingerollten Dimensionen eine von sehr vielen möglichen räumlichen Strukturen aufweisen. Die Abbildung 39, in der eine sogenannte Calabi-Yau-Fläche dargestellt ist, versucht einen Eindruck von der möglichen Komplexität zu geben, auch wenn diese zweidimensionale Darstellung notwendigerweise unvollständig sein muss. Welche geometrische Struktur tatsächlich realisiert ist, wenn die Stringtheorie etwas mit der Wirklichkeit zu tun haben sollte, ist gegenwärtig völlig unklar.

Chaos

97. Gibt es Dämonen in der Physik? Ja, allerdings nur in Gedanken, denn Sie sollen unmögliche Dinge vollbringen können. Von einem von ihnen, der nach dem französischen Mathematiker, Astronomen und Physiker Marquis Pierre Simon de Laplace benannt ist, soll hier die Rede sein. Laplace argumentierte, dass der Zustand der gesamten Natur zum aktuellen Zeitpunkt durch den Zustand der Natur zum vorhergehenden Augenblick bestimmt sei. Wenn man sich eine Intelligenz vorstelle, die zu einem gegebenen Zeitpunkt den Zustand der Bestandteile des Universums und ihre gegenseitig wirkenden Kräfte kennt, so könnte diese für eine beliebige Zeit in der Vergangenheit oder in der Zukunft den Ort und die Bewegung aller Bestandteile, kurz den Zustand des gesamten Universums, berechnen.

In der klassischen Mechanik ist dies tatsächlich richtig. In einer Quantenwelt wäre der laplacesche Dämon dagegen machtlos, da sich Ort und Geschwindigkeit eines Objekts nicht gleichzeitig genau bestimmen lassen. Der Dämon kann sich also prinzipiell nicht alle erforderlichen Informationen beschaffen. Von den Quanteneffekten einmal abgesehen, müsste er jedoch den Zustand des gesamten Universums mit beliebiger Präzision kennen. Für uns Menschen ist dies offenbar eine unmögliche Aufgabe, denn zum einen können wir nicht den Zustand des gesamten Universums bestimmen, und zum anderen ist jede Messung mit einem mehr oder weniger großen Fehler verknüpft.

Dennoch können wir selbst mit nicht absolut präzisen Informationen für einen gewissen Teil des Universums Vorhersagen über die

Zukunft machen. Allerdings kann dies leichter oder schwerer sein beziehungsweise über längere oder kürzere Zeiträume zuverlässig funktionieren. So lässt sich die Bewegung der Planeten im Sonnensystem sehr gut vorausberechnen, solange es nicht zu erheblichen äußeren Störungen kommt. Beim Wetter sieht dies jedoch ganz anders aus. Wenn Sie wissen wollen, woran das liegt, dann lesen Sie einfach bei der nächsten Frage weiter.

98. Was ist Chaos? Der Duden umschreibt den Begriff Chaos mit «wüstes Durcheinander, Auflösung aller Ordnung». Was nach völliger Regellosigkeit klingt, kann in der Physik sehr wohl eindeutigen Regeln gehorchen. Die zeitliche Entwicklung eines physikalischen Systems ist in der klassischen Physik mathematisch genau festgelegt. Dennoch kann sein Verhalten einen regellosen Eindruck machen. Man spricht daher genauer von «deterministischem Chaos».

Als Beispiel betrachten wir ein Modell, das 1963 von Edward Lorenz analysiert wurde, um die Möglichkeiten einer langfristigen Wettervorhersage zu untersuchen. Dabei befindet sich Luft oder auch eine Flüssigkeit zwischen einer unteren warmen Platte und einer oberen kalten Platte, wie dies in Abbildung 40 oben dargestellt ist. Bei geeigneten Bedingungen kommt es zur Konvektion: An manchen Stellen steigt warme Luft nach oben, während an anderen Stellen kalte Luft nach unten fließt. Es bildet sich eine rollenförmige Luftströmung aus. Wenn der Luftstrom zu stark wird, besteht jedoch die Möglichkeit, dass kalte Luft wieder nach oben und warme Luft nach unten gedrückt wird. Als Reaktion hierauf kann sich die Strömung umkehren.

Die zeitliche Entwicklung des Konvektionsstroms ist in Abbildung 40 unten gezeigt. Befindet sich die Kurve oberhalb der Zeitachse, bewegen sich die Rollen in eine Richtung, befindet sie sich unterhalb, so bewegen sich die Rollen in die umgekehrte Richtung. Die Abbildung zeigt, dass ein unregelmäßiger Wechsel zwischen den beiden Richtungen erfolgt, der sich in dieser Form nicht wiederholt, auch wenn das an diesem kurzen Ausschnitt natürlich nicht überprüft werden kann. Dieses aperiodische Verhalten ist ein Kennzeichen von Chaos.

Eine weitere wesentliche Eigenschaft von chaotischer Bewegung besteht darin, dass selbst eine geringe Änderung der Anfangsbedingungen schnell große Abweichungen zur Folge hat. Genau dieser

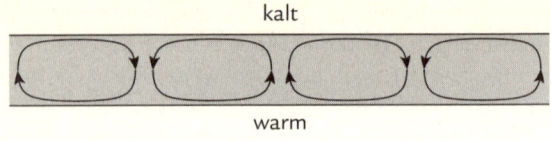

kalt

warm

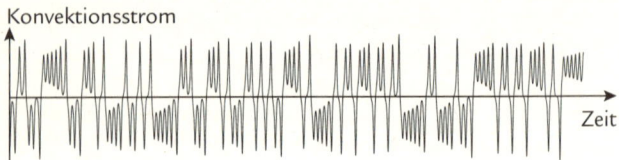

Konvektionsstrom

Zeit

Abb. 40: Oben: Im Lorenzmodell betrachtet man die Luftströmung
zwischen einer warmen und einer kalten Platte.
Unten: Die oben gezeigten Rollen ändern ihre Richtung
in chaotischer Weise.

Umstand macht die Vorhersage von chaotischen Bewegungen so
schwer. Wir wollen dies anhand eines Billardspiels veranschaulichen,
bei dem zwei unterschiedliche Billardtische zum Einsatz kommen.
Im ersten Fall, der in der linken Spalte der Abbildung 41 dargestellt
ist, wird der Tisch rundherum durch eine Wand in Form eines Recht-
ecks begrenzt. Ersetzt man die kurzen Seiten durch Halbkreise, so
erhält man das in der rechten Spalte gezeigte Billard, das wegen seiner Form als Stadionbillard bezeichnet wird.

Um zu untersuchen, in welcher Weise sich die Bewegung in diesen
beiden Billards voneinander unterscheidet, lassen wir von der Mitte
der unteren Begrenzung tausend Kugeln in leicht unterschiedliche
Richtungen loslaufen. Dabei nehmen wir an, dass die Kugeln punktförmig sind, so dass es zu keinen Stößen untereinander kommt. Die
fünf Abbildungen in jeder Spalte stellen die Positionen der Kugeln in
Momentaufnahmen dar. Dabei ist zwischen zwei aufeinanderfolgenden Bildern immer dieselbe Zeit verstrichen. In der jeweils ersten
Momentaufnahme ist für zehn Kugeln exemplarisch die Bahn vom
Startpunkt zu der aktuellen Position gezeigt.

Wenden wir uns zunächst dem Rechteckbillard zu. Die Linie, auf
der sich die tausend Kugeln zu einem bestimmten Zeitpunkt befinden, wird im Laufe der Zeit immer länger. Die Kugeln entfernen sich
also voneinander. Dennoch bleiben die Kugeln, die anfänglich benachbart waren, immer Nachbarn. Selbst wenn wir die anfängliche
Richtung, unter der eine Kugel losläuft, nicht präzise kennen, kön-

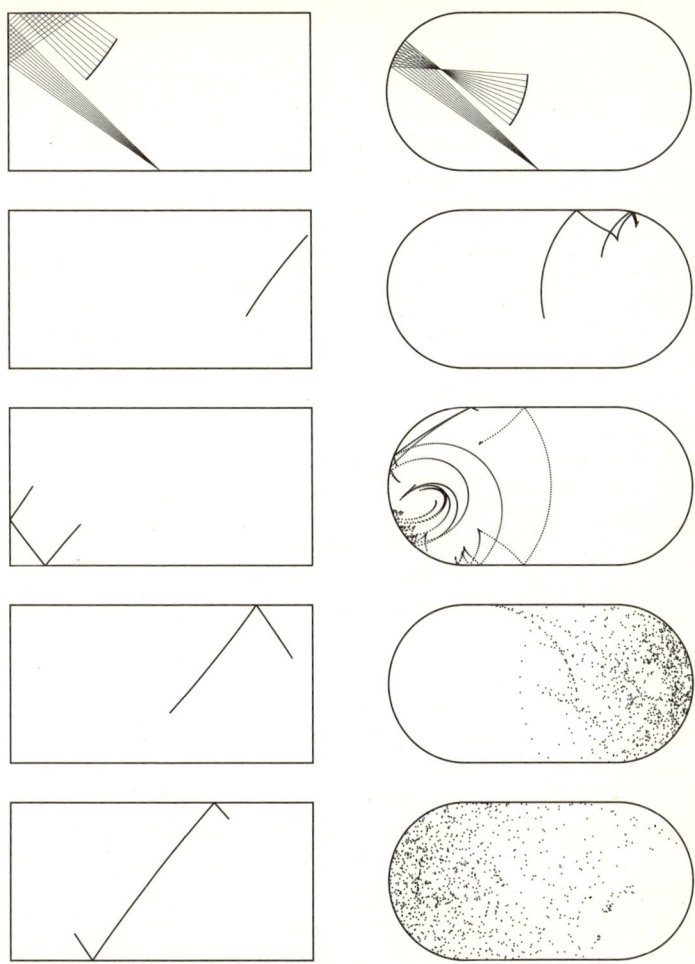

Abb. 41: Bewegung in einem Rechteckbillard (links) und einem Stadionbillard (rechts). Die Bewegung im Stadionbillard hängt empfindlich von den Anfangsbedingungen ab.

nen wir dennoch recht genau vorhersagen, wo sich die Kugel nach einiger Zeit befinden wird.

Ganz anders ist die Situation beim Stadionbillard. Schon das zweite und erst recht das dritte Bild zeigen, dass die Positionen der Kugeln sehr schnell eine komplizierte Struktur bilden. Im letzten Bild sind die tausend Kugeln schon fast über den gesamten Billardtisch verteilt. Kugeln, die anfänglich benachbart waren, können sich jetzt zu einem gegebenen Zeitpunkt in völlig verschiedenen Bereichen des Billards aufhalten. Wenn die Anfangsrichtung einer Kugel nicht präzise bekannt ist, lässt sich ihre Position auf dem untersten Bild praktisch nicht mehr vorhersagen. Die Bewegung im Stadionbillard nennt man chaotisch, während das Rechteckbillard in der linken Spalte zu einer regulären Bewegung führt.

99. Wie gelangt man zum Chaos?

Einer der Wege zum Chaos ist nach dem Physiker Mitchell Feigenbaum benannt. Diese Feigenbaum-Route wollen wir nun gehen und an der sogenannten logistischen Abbildung erläutern. Diese wurde bereits im 19. Jahrhundert von dem belgischen Mathematiker Pierre-François Verhulst eingeführt, um die Entwicklung von Populationen, zum Beispiel einer bestimmten Tierart, zu beschreiben. Dabei geht es nicht um eine kontinuierliche Beschreibung der Zeitabhängigkeit, wie wir sie in Abbildung 40 für das Lorenzmodell kennengelernt haben. Vielmehr soll aus der Größe der Population in einem Jahr die Größe der Population im folgenden Jahr berechnet werden. Ist die Population klein, so wird sie zunächst wachsen. Eine zu große Population wird dagegen schrumpfen, weil beispielsweise nicht mehr genügend Nahrung zur Verfügung steht.

Die Funktionsweise der logistischen Abbildung lässt sich anhand des linken Teils der Abbildung 42 verstehen. Die umgekehrte Parabel ergibt sich aus dem gerade beschriebenen Modell für die Entwicklung der Population. Fangen wir nun mit einer bestimmten Populationsgröße an, die hier einem Wert zwischen 0 und 1 auf der horizontalen Achse entspricht, so erhalten wir die Größe der Population im Folgejahr, indem wir in senkrechter Richtung bis zur Parabel gehen. Der neue Wert lässt sich auf der vertikalen Achse ablesen, wenn man von dem Schnittpunkt waagerecht nach links geht. Alternativ, und für das weitere Vorgehen günstiger, kann man waagerecht bis zur Geraden gehen. Der dortige Schnittpunkt entspricht der neuen Popula-

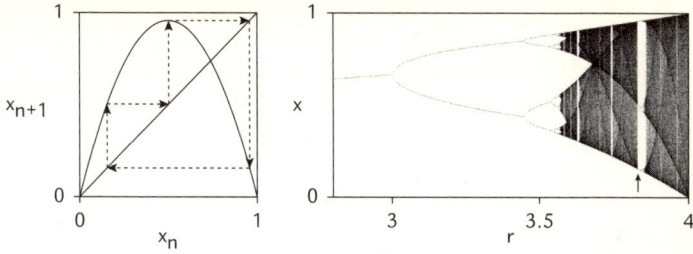

Abb. 42: Links: Bei der logistischen Abbildung wird aus einem Anfangswert mit Hilfe einer Parabel der Folgewert bestimmt. Rechts: Verändert man die Höhe der Parabel, so erreicht man nach dem Durchlaufen von Bifurkationen chaotische Bereiche. Der Pfeil deutet die Stelle an, die der links gezeigten Situation entspricht.

tionsgröße auf der horizontalen Achse. Mit den beiden Schritten – senkrecht bis zur Parabel, waagerecht bis zur Geraden – haben wir aus der Größe der Population in einem Jahr diejenige des Folgejahres erhalten. Durch Wiederholen der Prozedur erhält man so die jährliche zeitliche Entwicklung der Population.

Dieses Modell mag reichlich speziell erscheinen, um einen der häufig vorkommenden Wege zum Chaos zu erklären. Allerdings liefert die logistische Abbildung zum einen nicht nur ein einfaches Modell für die Populationsdynamik, sondern sie ist auch in anderen Zusammenhängen anwendbar. Zum anderen ist das Szenario, das wir gleich beschreiben werden, nicht auf die logistische Abbildung beschränkt. Man findet es vielmehr in einer ganzen Reihe physikalischer Systeme und kann es dort auch experimentell nachweisen.

Das Verhalten der Populationsdynamik hängt entscheidend von der Höhe der Parabel ab, die üblicherweise mit der Variablen r charakterisiert wird und einen Wert zwischen 0 und 4 annehmen kann. Für den in der Abbildung 42 links gewählten Wert landet man unabhängig vom Startwert in dem gezeigten Zyklus, in dem periodisch drei bestimmte Werte erzeugt werden. Wie sich dieses Verhalten in Abhängigkeit von r verändert, ist in der Abbildung 42 rechts zu sehen. Ist r kleiner als 3, so wird sich für beliebige Startwerte nach einiger Zeit immer der gleiche Wert ergeben, der dem Schnittpunkt zwischen Parabel und Gerade entspricht.

Bei r = 3 passiert nun etwas Entscheidendes. Statt einen festen Endwert anzunehmen, oszilliert die Populationsgröße von Jahr zu

Jahr zwischen zwei Werten hin und her. Bei einer solchen Gabelung spricht man in der Mathematik von einer Bifurkation. Diese kann man sich zum Beispiel mit einem senkrecht stehenden, dünnen Holzstab veranschaulichen. Drückt man leicht von oben auf den Stab, so wird er in seiner senkrechten Form verharren. Verstärkt man die Kraft jedoch über einen kritischen Wert hinaus, so wird diese Form instabil, und der Stab biegt sich nach links oder rechts. Dies entspricht den beiden möglichen Zweigen, die nach der ersten Bifurkation in Abbildung 42 zu sehen sind.

Auf diese erste Bifurkation folgen in immer kleiner werdenden Abständen weitere Bifurkationen, bis schließlich ein kritischer Wert für r erreicht wird, bei dem sich die logistische Abbildung chaotisch verhält. Interessanterweise ergeben sich bis zum Maximalwert 4 immer wieder Bereiche, in denen die Bewegung nicht chaotisch ist. Diese sind als weitgehend weiße Streifen in der Abbildung 42 rechts erkennbar. Der Dreierzyklus aus dem linken Teil der Abbildung tritt in dem rechts durch einen Pfeil gekennzeichneten weißen Bereich auf. Bei genauerem Hinsehen würde man feststellen, dass solche Bereiche wiederum durch Folgen von Bifurkationen in chaotische Bereiche übergehen.

100. Was ist ein seltsamer Attraktor?   Wenn wir jemanden attraktiv finden, dann wirkt er oder sie anziehend auf uns. Ähnlich verhält es sich mit einem Attraktor: Befindet sich ein physikalisches System im Einzugsbereich des Attraktors, so wird es sich im Laufe der Zeit dem Attraktor nähern und eine durch diesen bestimmte Bewegung ausführen.

Ein besonders einfacher Attraktor liegt beim gedämpften Pendel vor. Nachdem man es zum Schwingen gebracht hat, wird seine Schwingungsamplitude im Laufe der Zeit immer kleiner, so dass das Pendel schließlich bewegungslos nach unten hängt. Eine solche Bewegung ist in Abbildung 43 links dargestellt. Mit abnehmender Amplitude und Maximalgeschwindigkeit der Pendelschwingung zieht sich die Spirale immer mehr zusammen. Sie endet schließlich in einem punktförmigen Attraktor im Ursprung des Diagramms, der dem ruhenden Endzustand des Pendels entspricht.

Berücksichtigt man, dass ein Pendel auch Überschläge vollführen kann, so findet man weitere punktförmige Attraktoren. Je nachdem, wie viel Energie das Pendel zu Beginn seiner Bewegung besitzt, kann

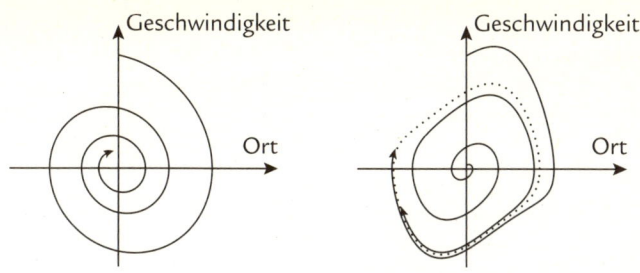

Abb. 43: Punktförmiger Attraktor (links) und Grenzzyklus (rechts)

es mehr oder weniger Überschläge ausführen. Deren Anzahl bestimmt, welchem Attraktor das Pendel letztlich zustrebt. Ähnlich wie Flüsse Einzugsgebiete besitzen, die durch Wasserscheiden getrennt sind, haben hier die verschiedenen Attraktoren ihre jeweiligen Attraktionsgebiete.

Attraktoren sind jedoch nicht immer punktförmig. Der Holländer Balthasar van der Pol fand 1920 beim Experimentieren mit Vakuumröhren, damals wesentliche Bestandteile von Radios, selbsterregte Schwingungen. Im Gegensatz zu dem eingangs diskutierten gedämpften Pendel ist die Bewegung des van-der-Pol-Oszillators nur für große Auslenkungen gedämpft. Für kleine Auslenkungen dagegen wird der Bewegung Energie zugeführt. So kann sich im Laufe der Zeit eine Schwingung ausbilden, in der sich Energiezufuhr und Dämpfung die Waage halten. Der zugehörige Attraktor, ein sogenannter Grenzzyklus, ist in Abbildung 43 rechts gepunktet gezeigt. Schwingt der Oszillator zunächst mit kleiner Amplitude, so erreicht er durch die Energiezufuhr schließlich den Attraktor. Umgekehrt wird eine zu große Amplitude gedämpft. In jedem Fall ergibt sich schließlich eine periodische Bewegung, die von van der Pol auch in Zusammenhang mit dem Schlagen eines Herzens diskutiert wurde.

Einen wesentlich komplexeren Attraktor erhält man, wenn man die chaotische Bewegung der Abbildung 40 analysiert. Schon Edward Lorenz war aufgefallen, dass sich hierbei eine interessante Struktur ergibt, die in Abbildung 44 dargestellt ist. Die gezeigte Bewegung findet in einem dreidimensionalen Raum statt und startet bei dem unten gezeigten Koordinatenkreuz. Bald ist der Attraktor erreicht, der aus zwei gegeneinander gekippten Flächen besteht, die hier durch die

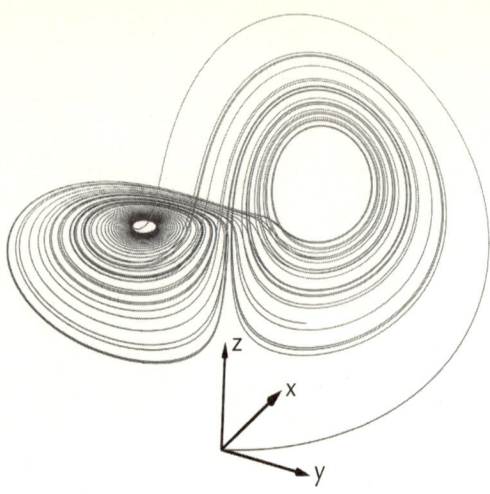

Abb. 44: Seltsamer Attraktor des Lorenzmodells

Bewegung des Systems während einer gewissen Zeitspanne nur angedeutet sind.

Die Struktur dieses Attraktors wird klar, wenn man die Abbildung 40 hinzuzieht. Aufeinanderfolgende Schwingungen oberhalb oder unterhalb der horizontalen Achse entsprechen einer Bewegung um das Zentrum einer der beiden Flächen. Gelegentlich kann aber ein Übergang zwischen diesen beiden Schwingungsformen stattfinden, der mit einem Wechsel von einem Teil des Attraktors zum anderen einhergeht. Tatsächlich sieht man in Abbildung 44, dass die gezeigte Kurve immer wieder eine Verbindung zwischen den beiden Teilen des Attraktors herstellt.

Dieses merkwürdige Gebilde wird als «seltsamer Attraktor» bezeichnet. Wenn man ihn genau betrachtet, wozu die gezeigte Abbildung nicht ausreicht, so findet man eine komplizierte Struktur, die man auch als fraktal bezeichnet. In der Antwort zur nächsten Frage ist ein schönes Beispiel für eine fraktale Struktur zu sehen.

101. Wie lang ist die britische Küste? Wenn man im Atlas die Kontur der britischen Insel grob umfährt und ausmisst, kommt man auf eine Länge von vielleicht viertausend Kilometern. Allerdings wird dabei sofort deutlich, dass es viele Einbuchtungen gibt, die man über-

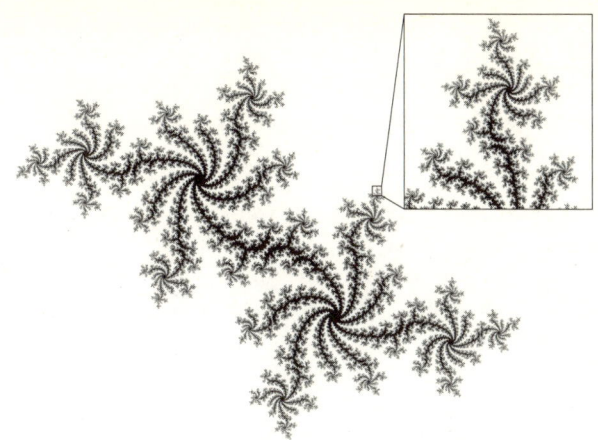

Abb. 45: Die Grenze zwischen dem weißen und schwarzen Bereich,
eine Julia-Menge, ist unendlich lang und selbstähnlich.
Sie bildet ein Fraktal.

haupt nicht beachtet hat und die die Länge der Küste vergrößern. Selbst wenn man mit großer Sorgfalt vorgeht und alle im Atlas dargestellten Einschnitte und Buchten berücksichtigt, wird sich ein zu kleiner Wert für die Küstenlänge ergeben. Schließlich gibt es viele Strukturen, die im Atlas überhaupt nicht abgebildet werden können.

Im Prinzip ist es sogar möglich, dass eine endlich große Fläche einen unendlich langen Rand besitzt, wenn man diesen nur immer feiner strukturiert. Ein Beispiel hierfür ist in Abbildung 45 zu sehen. Gezeigt ist der Attraktionsbereich für eine Abbildung, die mit der logistischen Abbildung zusammenhängt, die uns den Weg zum Chaos wies. Die Berandung der schwarzen Fläche bezeichnet man nach dem französischen Mathematiker Gaston Julia als Julia-Menge.

Diese Berandung ist nicht nur sehr fein strukturiert, sondern sie hat auch die Eigenschaft der Selbstähnlichkeit. Vergrößert man den durch ein Quadrat markierten winzigen Ausschnitt des ursprünglichen Bildes, so findet man die gleichen Strukturen wieder. Die Situation erinnert an den Blumenkohl aus Frage 8, bei dem man durch Teilen von Röschen wiederum Röschen erhält. Während das Spiel beim Blumenkohl irgendwann endet, könnten wir in Abbildung 45 einen kleinen Ausschnitt der Vergrößerung vergrößern und so weiter. Selbst auf kleinsten Längenskalen würden sich immer wieder die gleichen Strukturen ergeben. Ähnlich wie bei der britischen Insel wird der Rand der schwarzen Fläche daher umso länger, je genauer man hinsieht.

Eine unendliche lange Linie, die eine endlich große Fläche umschließt, ist weder eine gewöhnliche eindimensionale Linie noch eine zweidimensionale Fläche. Vielmehr liegt die Dimension dieser Struktur zwischen 1 und 2. Man spricht von einer fraktalen Dimension und bezeichnet eine solche Struktur als Fraktal.

Der Vergleich mit dem Blumenkohl weist schon daraufhin, dass fraktale Strukturen in der Natur nicht ungewöhnlich sind. Vielleicht hängt es hiermit zusammen, dass solche Strukturen normalerweise ihre ästhetische Wirkung nicht verfehlen. Auch wenn Fraktale eigentlich ein mathematisches Konzept darstellen, spielen sie an verschiedenen Stellen in der Physik eine Rolle. So schließt sich der Kreis zur allerersten Frage dieses Bandes, nämlich der nach der Schönheit in der Physik.

Moderne Physik bei C. H. Beck

Jürgen Audretsch
Die sonderbare Welt der Quanten
Eine Einführung
2008. 189 Seiten mit 27 Abbildungen und 2 Tabellen. Paperback
(Beck'sche Reihe Band 1852)

Harald Fritzsch
Elementarteilchen
Bausteine der Materie
2004. 124 Seiten mit 6 Abbildungen. Paperback
(C. H. Beck Wissen in der Beck'schen Reihe Band 2346)

Hubert Goenner
Einsteins Relativitätstheorien
Raum – Zeit – Masse – Gravitation
5. Auflage. 2005. 110 Seiten mit 9 Abbildungen. Paperback
(C. H. Beck Wissen in der Beck'schen Reihe Band 2069)

Dieter Hoffmann
Max Planck
Die Entstehung der modernen Physik
2008. 128 Seiten mit 18 Abbildungen. Paperback
(C. H. Beck Wissen in der Beck'schen Reihe Band 2442)

Gert-Ludwig Ingold
Quantentheorie
Grundlagen der modernen Physik
4. Auflage. 2008. 128 Seiten mit 28 Abbildungen
und 1 Tabelle. Paperback
(C. H. Beck Wissen in der Beck'schen Reihe Band 2186)

Anton Zeilinger
Einsteins Schleier
Die neue Welt der Quantenphysik
8. Auflage. 2005. 237 Seiten mit 22 Grafiken. Gebunden

Verlag C. H. Beck

Die 101 wichtigsten Fragen bei C. H. Beck

Johann Hinrich Claussen
Die 101 wichtigsten Fragen: Christentum
3. Auflage. 2008. 150 Seiten mit 12 Abbildungen. Paperback
(Beck'sche Reihe Band 1676)

Hans van Ess
Die 101 wichtigsten Fragen: China
2008. 160 Seiten mit 8 Abbildungen und 1 Karte. Paperback
(Beck'sche Reihe Band 1799)

Christof Mauch
Die 101 wichtigsten Fragen: Amerikanische Geschichte
2008. 176 Seiten mit 10 Abbildungen. Paperback
(Beck'sche Reihe Band 1772)

Susanna Partsch
Die 101 wichtigsten Fragen: Moderne Kunst
2., durchgesehene Auflage. 2006. 160 Seiten mit 21 Abbildungen.
Paperback
(Beck'sche Reihe Band 1609)

Andreas Platthaus
Die 101 wichtigsten Fragen: Comics und Mangas
2008. 156 Seiten mit 10 Abbildungen. Paperback
(Beck'sche Reihe Band 1862)

Herwig Wolfram
Die 101 wichtigsten Fragen: Germanen
2008. 160 Seiten mit 41 Abbildungen. Paperback
(Beck'sche Reihe Band 1867)

Verlag C. H. Beck